사교육을 이기는
엄마표 영어

사교육을 이기는 엄마표 영어

초 판 1쇄 2023년 03월 21일

지은이 김은경
펴낸이 류종렬

펴낸곳 미다스북스
총괄실장 명상완
책임편집 이다경
책임진행 김가영, 신은서, 임종익, 박유진

등록 2001년 3월 21일 제2001-000040호
주소 서울시 마포구 양화로 133 서교타워 711호
전화 02) 322-7802~3
팩스 02) 6007-1845
블로그 http://blog.naver.com/midasbooks
전자주소 midasbooks@hanmail.net
페이스북 https://www.facebook.com/midasbooks425
인스타그램 https://www.instagram/midasbooks

© 김은경, 미다스북스 2023, *Printed in Korea.*

ISBN 979-11-6910-189-9 03590

값 **15,000원**

마다스북스는 다음세대에게 필요한 지혜와 교양을 생각합니다.

엄 마 가 가 르 쳐 도 영 어 영 재 된 다

사교육을 이기는
엄마표 영어

김은경 지음

미다스북스

영어 유치원?
엄마표 영어?

20년도 더 전에 수능을 보고 난 후 저는 이런 생각을 했습니다. '아, 내 인생에 영어는 이제 없겠지?'라고 말이지요. 영어를 못하는 것은 아니었지만 영어로 '말'은 못하는 보통의 한국인으로 살아가게 되었습니다. 그렇다고 제가 불편할 일은 없었습니다. 그런 상황을 너무나 당연하게 여기는 대한민국이니까요. 하지만 용기가 넘친다고 자신했던 저도 외국은 나갈 수가 없었습니다. 절대 떨어지지 않는 그 입 때문이었습니다.

아이를 낳은 후, 영어는 불편한 걱정거리가 되었습니다. 저와 같은 상황을 만들고 싶지 않았거든요. 대한민국에서 사는 보통 엄마라면 같은 고민을 할 수밖에 없지요. 우리나라 공교육 영어로는 절대 '말'을 할 수 없으니까요.

'말'을 배우려면 영어 유치원을 가야 된다고 하죠. 하지만 제가 사는 지역에는 영어 유치원이 없었습니다. 다른 지역으로 '라이딩'까지 하면서 보낼 비용도 부족했습니다. 그래서 선택한 것이 엄마표 영어였습니다. 차선책으로 선택을 했지만 이게 바로 정답이었어요.

언어는 꾸준히, 성실히 인풋해주는 것이 유일한 실력 향상 방법입니다. 그런 노력을 해줄 수 있는 사람은 엄마밖에 없고요. 처음부터 영어 자유를 꿈꾸지는 않았습니다. 그저 매일 듣고, 읽고, 춤을 추었을 뿐입니다. 그 결과 아이들의 영어가 자유로워졌습니다.

될까? 된다!

영어 몇 마디도 입으로 꺼내기 힘든 보통 엄마가 아이들에게 영어 자유를 만들어준 것은 기적일까요? 절대 아닙니다. 평범한 일상 속에 영어가 꽃을 피게 만들었을 뿐입니다. 꽃 한 송이가 피려면 양분이 충분한 흙, 햇빛, 물이 필요하죠. 환경만 만들어주세요. 엄마표 영어의 꽃은 반드시 핍니다.

여러분이 지금 고민하고 있는 그 내용들을 책에 썼습니다. 우리 아이들과 일상 속에서 실천했던 방법을 아낌없이 풀었습니다. 부족하지만 엄마이기 때문에 할 수 있는 모든 것이 책 속에 있습니다. 이제 영어 자유는 옆집의 이야기가 아니라 우리 집 이야기가 됩니다.

아이 둘의

10여 년 영어를 정리하며

앞으로의 미래를 계획하고 있는

김은경 드림.

목차

3장

LEVEL 2 따라 읽기
- 기본기를 다져라

4장

LEVEL 3 혼자 읽기
- 한 번 더 레벨업하라

5장

LEVEL 4 영어 자립
- 엄마표 영어에서 아이표 영어로

1장

엄마표 영어를 해야 하는 이유

사교육을 이기는 엄마표 영어

1) 사교육비를 아끼는 최고의 방법이다

돈을 제대로 쓰는 엄마표 영어

"나처럼 영어로 말 못하면 어쩌지?"

"이렇게 책만 봐서 될까?"

"아무래도 하루 종일 영어를 하는 곳이 낫지 않을까?"

"진짜 단어 외우지 않아도 되나?"

"나 닮아서 발음이 별로면 어쩌지?"

이 책을 읽는 모든 분은 이런 고민 다 하시죠. 저도 그래서 알아봤습니다. 영어 유치원이란 곳을요. 다행히도 저는 영어 유치원이 존재하지 않는 동네에 살았습니다. 모든 경우의 수를 생각하더라도 영어 유치원은 정답이 아니었습니다. 왜일까요?

언어를 엄마에게 배운다는 것은 대단한 일이 아니라 당연한 일입니다. 그래야 아이들이 무리하지 않고 편안하게 받아들일 수 있습니다. 우리가 원하는 것은 언어로서의 영어이지, 학습으로 둔갑한 영어가 아닙니다. 여러분이 가고자 하는 엄마표도 이런 방향이었으면 좋겠습니다.

엄마표 영어가 돈을 하나도 쓰지 않는다고 오해하는 분들이 있습니다. 시장 경제 세계에서 그것은 불가능에 가깝습니다. 앞에서도 말했듯 교육에서는 고비용이 고효율을 장담하진 않습니다. 교육을 받는 대상 자체가 어린아이기 때문입니다.

보통의 어린이집과 유치원에서 우리말로 활동을 하고 친구들을 사귄다 해도 아이들 사이의 크고 작은 문제들은 늘 발생합니다. 의사를 표현하기 힘든 영유아는 사교육 시장에서는 큰 먹잇감이 되기 쉽습니다. 표현을 못하기 때문이죠. 비단 영어 유치원만 말하는 것은 아닙니다. 영어 유치원을 제외하더라도 영유아 영어 사교육 기관은 넘쳐납니다. 훌륭한 사교육의 커리큘럼이 우리 아이들에게 맞지 않는 옷일 수 있습니다.

제 아들 둘은 같은 밥을 먹고도 다른 책을 좋아합니다. "형이 이거 좋아하니까 너도 이거 봐."라고 해도 들은 척도 안 합니다. 너무나 당연한 이야기입니다. 태어난 이후부터 엄마들은 자기 아이에게 집중하게 됩니다. 아이를 객관적으로 판단하든 주관적으로 판단하든 가장 잘 아는 사람은 엄마라고 생각합니다.

그렇기 때문에 엄마표 영어가 사교육비를 아낄 수 있는 최고의 방법이라는 것입니다. 내 아이에 맞춰 커리큘럼을 짜줄 수 있는 유일한 방법입니다. 이미 엄마인 나에게는 내 아이에 대한 정보가 차고 넘치고, 정보가 없다 해도 알아내기 가장 가까운 위치에 있기 때문입니다.

엄마니까 할 수 있는 엄마표 영어

제가 가장 싫어하는 말 중에 하나가 '영혼까지 갈아 넣었다'입니다. 저는 둘째 병간호를 하면서도 엄마표 영어를 진행했던 사람입니다. 누구보다 저 말을 잘 이해하지만 생각도 하기 싫습니다. 스스로를 부숴가면서 그렇게까지 해야 하는가에 대한 끝없는 슬픔이 밀려오는 말이니까요.

다르게 생각해보면, 아이들을 위해 무엇이든 해줄 수 있는 상태를 말하기도 하는 것 같습니다. 무조건적인 희생에 붙는 수식어지요. 네, 제가 겪은 엄마표 영어는 그랬습니다. 섣불리 쉽다고 하지는 않겠습니다. 다른 엄마표 영어 서적들처럼 '책만 보면 다 할 수 있게 해주겠어요.' 하는 태도는 이 책에서는 보이지 않을 것입니다.

무엇이든 돈으로 살 수 있는 시대에 엄마표 영어는 단순히 돈을 아끼려고 하는 노력들이 아닙니다. 아무나 할 수 없는 것이라고 생각이 들겠지만, 엄마라면 도전할 만한 일이 엄마표 영어입니다.

'엄가다'라는 말을 들어보셨나요? 엄마 손으로 무엇인가를 만들어주면서 고생하는 것을 말하지요. 모든 것을 엄마 손으로 만들어줄 수는 없습니다. 효율적이지도 않고 엄마들은 너무 바쁘기 때문이죠. 교육에서는 효율적인 방법이 됩니다. 지름길은 아니지만 절대 무너지지 않는 튼튼한 길을 만들 수 있습니다.

'영혼까지 갈아 넣은 엄가다.'라는 말은 힘듦을 등에 업고 가는 것과 같습니다. 엄마의 노력으로 만든 영어 바탕은 아주 견고하기 때문입니다. 엄마와 쌓은 영어 추억들은 큰 시너지를 줍니다. 엄마표 영어는 수치적으로도 사교육비를 줄일 수 있는 대안이 되지만 질적으로는 비교도 할 수 없는 결과물을 만들어냅니다.

단순히 돈을 아끼는 작업이 아니다

우리는 어른이지만 맞춤법도 틀리고 국어 문법은 잊은 지 오래지요. 하지만 문학 작품을 읽으면서 감동을 받고 책을 읽으며 모르는 것을 탐구하며 나의 생각을 말함에 있어서 불편함이 없습니다. 사랑하는 사람과 감정을 나누는 것도 자연스럽습니다. 제가 생각하는 엄마표 영어의 시작이 바로 이 지점입니다.

어머님들은 영어를 처음 만났을 때를 기억하나요? 저는 중학교 들어가서 알파벳을 배운 세대입니다. 영어로 대화가 가능한 사람은 없었던 시골 중학교였고요. 그저 독해 열심히 하고 문법 배워서 수능은 잘 봤습니다. 그래서 저는 영어로 말하기 두려워하는 보통 한국인이 되었지요.

엄마표 영어는 단순히 돈을 아끼는 작업이 아닙니다. 우리 아이들이 외국어를 처음 만났을 때의 어색함과 불편함을 느끼지 않게 해주는 방법이 '엄마표 영어'입니다. 흔히 말하는 '모국어 습득 방법'을 활용한 엄마표 영어는 나중에 아이가 어떤 언어를 만나더라도 어색하지 않게 만들어줍니다.

영어에 겁먹고 도전조차 하지 않는 엄마들의 이야기들을 자주 듣습니다. 그녀들은 내 아이의 취향을 찾는 대신 영어 학원을 찾아봅니다. 영어 학원을 보내놓고 눈을 감아버립니다. 돈을 쓰면 효과가 있을 것이라고 확신하지요. 화장품도 효과를 보려면 나에게 맞는 것을 찾아 정성껏 발라줘야 되는데 무려 이것은 아이의 교육입니다. 그저 돈만 쓴다고 해결될 수가 없는 것입니다.

저희 아이들의 엄마표는 돈을 아끼려 시작한 것도 맞습니다. 비용을 많이 쓸 수가 없었어요. 두 아들 모두 아토피가 있었고 특히 둘째는 중증이라고 할 정도였습니다. 많이 돌아다닐 수도 없었던 그때 우리는 집안에서 정말 열심히 행복하려고 노력했답니다. 그 안에 영어가 크게 자리

잡고 있습니다. 우리는 몇 년 전의 영어 추억을 꺼내서 이야기합니다. 그때 봤던 동화책들은 책장에 여전히 꽂혀 있습니다. 책들이 처음에는 아이들의 귀를 열어주었습니다. 노래를 같이 부르며 말하기의 토대가 되었고요. 엄마가 읽어줄 때면 내 양옆에 딱 달라붙어 조용한 오후의 한가함을 즐기기도 했습니다. 이제는 스스로 읽으면서 생각을 표현하기에 이르렀습니다.

2) 엄마표 영어는 정보력이 좌우한다

제대로 질문하는 방법

우리는 정보의 과잉 공급 시대에 살고 있습니다. 정보를 몰랐다는 것은 거짓말이며, 제대로 찾는 것은 힘든 상황입니다. 제대로 검색해야 구글과 네이버는 답까지 가는 길을 알려줍니다. 인터넷 세상에 흩뿌려진 정보 중에 무엇이 진짜 별인지 분간할 줄 알아야 합니다. 내 아이에게 맞는 정보를 찾아올 질문만 제대로 던지면 됩니다.

- 남자아이가 좋아하는 영어책

- 리더스북 추천

- 쉬운 영어 영상

- 3학년 여자아이 챕터북

- 화상영어 좋은 선생님 추천

이런 질문으로도 검색 결과는 나옵니다. 그 검색 결과 안에서 내가 원하는 것을 찾으려면 세부적인 검색을 해야 합니다. 정리되지 않은 질문은 혼란스러움만 커집니다. 잘못된 질문에서 답을 찾을 수 없습니다. 핑거 프린세스라고 아시나요? 직접 찾아보지 않고 손가락으로 포털사이트나 인터넷 카페에 질문만 올리는 사람들을 말하지요. 여기에 질문의 질이 좋지 않은 경우까지 포함됩니다. 질문의 질이 좋지 않았을 경우 광고의 그물에 걸릴 수 있어요. 돈을 들여 낚시를 하는 광고들에 눈이 팔릴 수 있습니다. 내가 원하는 정보를 찾으려면 질이 좋은 질문을 던져야 합니다. 엄마표 영어의 정보력은 제대로 된 질문을 던지는 것에서부터 시작입니다.

예를 들어 내 아이가 볼 '챕터북'을 검색하려면
① 내 아이의 읽기 수준을 알아야 합니다.
② 내 아이의 취향을 알아야 합니다.

③ 독서에서는 성별의 구별이 의미가 없습니다.

④ 이전까지 어떤 종류의 책을 읽었고 어떤 스타일을 좋아했는지 알고 있어야 합니다.

⑤ 내 아이의 한글 능력과 영어 능력 사이의 간극을 이해하고 있어야 합니다.

『Dragon Masters』를 재미있게 읽은 후 다음 책을 검색하기 위한 검색 어들을 볼까요?

- Dragon Masters와 같은 레벨 영어책
- Dragon Masters 좋아하는 아이 다음 영어책
- Dragon Masters와 비슷한 내용의 영어책
- Dragon Masters 작가의 다른 책

단순한 것 같지만 책 제목이 들어가면 시간을 절약하면서 다음 책을 찾아볼 수 있습니다. 우리말로 검색해도 아무 문제가 없습니다. 포털사이트에서 알아서 검색어를 포함한 블로그, 뉴스, 카페 글들을 다 보여줍니다. 영어를 못해서 엄마표 영어를 못한다는 말은 모두 핑계입니다.

엄마의 정보력은 정보를 제대로 습득하고 가려낼 수 있는 노력을 말합니다. 다양한 곳에서 많은 정보를 수집한 후 아이에 맞게 각색하고 편집

하고 재배치를 하며 실패를 줄일 수 있습니다. 실패는 엄마만 하면 됩니다. 정보력을 키우려면 내가 하고자 하는 엄마표 영어가 무엇인지 파악을 해야 됩니다. 그래야 제대로 된 정보를 검색하고 확보할 수 있지요. 이 책에 나온 방법들은 보통 엄마인 제가 직접 해보고 그중에 가장 실수와 실패가 적은 방법들입니다.

　엄마가 고른 책을 아이가 싫어할 수 있습니다. 저희 집처럼 형제가 다른 책을 좋아할 수도 있지요. 실망하기는 이릅니다. 한 번 실패했던 책도 기록해두세요. 몇 년 뒤에 그 책을 찾기도 하니까요. 책은 취향입니다. 취향은 바뀌기도 합니다. 취향은 종잡을 수 없어요. 그러니 엄마가 찾아주는 것이 최선입니다. 이 변덕을 누가 맞춰주나요. 그저 제대로 질문하고 정보를 수집했다가 때에 맞춰 읽혀주는 것이 최고입니다.

정보의 양을 채우자

　가족들이 맛있게 먹을 한 끼 식사를 준비하려면 재료부터 레시피까지 꽤나 많은 정보가 필요합니다. 새로운 음식을 만들 때 저 같은 경우 최소 레시피 대여섯 개를 참고합니다.

　그래도 실패하는 경우가 대부분이에요. 하물며 언어입니다. 우리는 그 나라에서 살아본 적도 없고 전문가들처럼 영어를 제대로 알고 있지 않아요. 즉 제법 많은 양의 정보가 필요합니다.

단순한 질문을 하는 엄마들은 정보의 양이 거의 없다시피 합니다. 무엇부터 알아내야 하는지 생각도 없고요. 그물을 던져 고기를 잡으려면 고기의 크기를 생각해서 그물코를 조절하고 고기가 잘 다니는 곳을 알아보고 그물을 던져야 합니다. 고기를 못 잡으면 다른 곳에 가면 되지만 하루는 굶어야 하니까요.

내가 참고할 수 있는 자료들을 최대한 활용하세요. 도서관에 책이 넘쳐납니다. 최소한 엄마표 영어를 시작하려 한다면, 노력은 하셔야 합니다.

저도 엄마표를 시작할 때 수많은 교육 카페와 출판된 엄마표 영어책들을 수도 없이 참고했습니다. 그 정보들을 내 아이에게 적용하는 것은 또 다른 영역이었습니다. 능력이 많은 영어 전문가들의 이야기가 대다수였어요.

그 분들은 영어의 전문가들이시니 쉽게 말할 수 있는 것들을 저는 전혀 해줄 수가 없었어요. 기저귀 갈기부터 영어로 말해주라는 분도 계셨고, 요리를 하면서 영어로 대화 하는 방법을 알려준 분도 계셨어요. 저에겐 당장 적용하기 힘든 조언들이었습니다. 그 당시에는 이게 뭐야 하고 책을 덮었습니다. 이런 정보들도 다 귀중하게 쓰입니다. 그 내용을 다시 꺼내 활용할 수 있어요. 엄마의 정보 수집은 질을 생각하는 것이 아닌 양을 채우는 것으로 시작하는 것입니다.

필요한 내용을 직접 검색해서 정보를 얻기도 하지만, 인터넷 서핑을 통해서도 정보는 모입니다. 단순 수다만 있는 것 같은 인터넷 카페 게시글 사이에서도 나에게 필요한 정보는 흘러나옵니다. 누군가의 아들이 재미없게 읽었다는 책이 우리 아이에게는 환상의 세계를 열어줄 수 있습니다. 그러니 아이를 재우고 난 뒤 인터넷을 살피는 나 자신을 안쓰럽게 보지 마세요.

수집한 정보들을 즐겨찾기를 해두고 목록을 작성하면서 나만의 리스트를 만드세요. 듣기, 읽기, 쓰기, 말하기 영역별로 정보의 리스트를 정리해두고 필요할 때마다 꺼내 보면 이보다 든든할 수 없어요. 아이의 발전은 언제 올지 모르기 때문에 높은 수준의 정보들도 미리 수집해두세요.

저 같은 경우도 인터넷 교육 카페를 돌아다니다가 괜찮은 영어 영상이 보이면 유튜브에 구독을 해두었습니다. 취향에 맞으면 언젠가 보겠지 하는 마음으로요. 특히나 과학 관련 영상은 영어 시작 첫 단계에서 볼 수 있는 것들이 거의 없어요. 그래서 더 마음 편하게 구독을 눌렀던 것 같습니다.

3-4년이 지나서야 보기 시작한 것도 있고 생각보다 일찍 본 것도 있고

요. 전혀 관심 없는 채널도 많고요. 그 중에 하나만 아이와 맞아도 성공이라고 생각합니다. 영어 세계의 새로운 문이 열리는 순간을 엄마가 만들어준 것이니까요.

3) 우리 집 영어 환경 만들기의 비밀

가장 중요한 환경 '엄마'

아이들이 자랄 때 문제나 궁금한 점이 생기면 지식을 얻기 위해 '선생님'을 찾습니다. 어린이집에서 상처를 받은 일이 있으면 담임 선생님과 상담을 하고 건강에 대한 조언은 의사 선생님을 찾아갑니다. 내 아이를 객관적으로 판단하고 상황을 해결해주실 수 있는 분들은 그 분야의 전문가입니다.

그렇다면 엄마표 영어에서 선생님은 누구일까요? 엄마가 선생님이 되어 가르치기에는 아이들이 배울 영어를 너무 모르는 경우가 대부분입니다. 우리는 파닉스를 배워본 적이 없습니다. 왜 마더 구스가 아이들에게 도움이 되는지도 모릅니다. 그러면 오늘부터 영어 학습법을 공부해서 아이들을 가르쳐볼까요? 알아야 가르칠 수 있으니까요.

이 생각은 엄마표 영어를 완전히 잘못 이해한 것입니다. 엄마표 영어는 가르치는 영역이 아닙니다. 즉 엄마의 마음가짐이 엄마표 영어에서 가장 중요한 환경입니다. 엄마가 어떤 모습을 하고 있느냐에 따라 영어에 대한 아이의 감정이 결정됩니다.

우리 아이가 태어나서 지금까지 우리말을 어떻게 익혀왔는지 생각해 보세요. 우리는 아이들이 태어나서 근 1년 동안 외로운 대화를 진행합니다. 대답 없는 아이 앞에서 온갖 이야기들을 들려주고 책도 읽어주고 말도 겁니다. 아이의 옹알이를 보면서 대꾸도 해줍니다. 아이와 눈을 맞추고 상호작용을 하면서 감정을 공유합니다. 중요한 것은 1년 가까이 아이에게 그 무엇도 바라지 않는다는 것입니다. 1여년의 기다림 끝에 '엄마'를 듣고 그 한 마디에 가장 큰 기쁨을 느끼게 되죠. 1년 동안 우리는 아이를 가르쳤다고 볼 수 있나요? 수학 공부하듯 말을 가르친 것이 아니지요.

아이가 처음 말을 할 때까지의 그 시간들을 기억해내세요. 작은 호응에도 감사하고 기뻐했던 시간들을 추억에서 꺼내세요. 옹알이를 하면서 나와 눈 맞춤을 했던 때를 다시 재현한다고 생각하세요. 이런 마음으로 엄마표 영어는 진행되어야 합니다. 조급하게 다그치고 알파벳을 가르치면서는 절대 채워지지 못합니다. 우리말을 하는데도 1년이 넘게 걸렸어요. 엄마가 영어에 통달한 전문가가 아닌 이상 하루 종일 영어로 아이와 소통한다는 것은 불가능하죠. 당연히 기다리고 또 기다려야 합니다. 엄마가 조급함을 보이게 되면 아이는 더 긴장을 하게 됩니다. 고작 5-7세 아이에게 엄마의 욕심을 채워주지 못한다는 좌절감을 심어 줄 필요는 없습니다. 우리말을 배울 때처럼 엄마는 영어의 모든 배경이 되어주어야 합니다.

책에 대한 긍정 감정을 심어주자

책을 보는 것은 인간의 뇌로 할 수 있는 가장 고차원적인 활동입니다. 실제로 존재하지 않는 이야기들을 생각하게 하고 뒷이야기를 상상하고 읽고 난 후에는 다른 사람과 서로 감정을 공감하며 이야기도 나눌 수 있지요.

저도 책을 사들이기 시작했습니다. 책만 사오면 읽는다는 옆집 아들 이야기는 우리 집 이야기가 아니었습니다. 아이의 취향에 맞춰 책을 주문했다고 생각하는데 확률은 늘 50% 그대로였습니다. 읽거나 안 읽거나 두 개 중 하나였지요. 엄마표 영어 시작 시기에는 이런 일들이 비일비재

합니다. 너무 속상해하지 마세요. 그럴 때 덤덤해져야 합니다. 아이들의 취향은 자라면서도 계속 변하니까요.

제 아이들도 책과 친해지기 힘든 스타일이었습니다. 책을 쌓아두면 다른 집 아이들은 그걸로 놀기라도 한다는데 저희 애들은 그것도 하지 않더라고요. 저는 우리 아이들은 책을 좋아하지 않는다고 생각했습니다. 책을 쌓아놓고 읽어본 적도 없고요. 하지만 꾸준히 책을 읽었습니다. 혼자 읽었다기보다 저와 같이 읽었지요. 사실은 제 목이 터져라 읽어주었지요. 첫째가 초등학교 들어가기 전까지 하루에 한글책과 영어책을 합쳐 30권씩은 읽어주었습니다. 아이들이 좋아하는 책을 20권, 제가 읽어주고 싶은 책을 10권 정도씩 선별을 해서 읽었답니다. 이 때 쉬운 책을 반복해서 읽어주는 것이 효과적이에요. 어려운 책은 더 커서 읽어도 충분합니다.

우리 별난 둘째 이야기를 해드릴게요. 둘째는 『Chica Chica Boom Boom』이라는 책을 사랑했습니다. 음악이 정말 신나는 책이지요. 이 책이 우리 집에 6권이 있습니다. 너무 좋아해서 보고 또 보고 찢어지면 테이프를 붙여 보다가 그것 또한 망가져서 사고, 중고로도 사고, 양장본으로도 사고, 보드 북으로도 사고 그러다 보니 6권이 되었답니다. 중요한 점은 첫 번째 봤던 그 낡은 책을 버리지 않았다는 것입니다. 아이가 원하는 책이 있으면 푹 빠지게 도와주세요. 둘째는 이제는 『Chica Chica Boom Boom』을 자주 읽지 않아요. 하지만 이 단어를 말하는 순간 저희 집은 노래 시작과 함께 춤을 추기 시작합니다. 책으로 만든 추억은 사라지지 않아요.

아이들이 가장 좋아하는 책은 '내가 고른 책'입니다. 내용을 모르는 책이지만 디자인이 마음에 들어서 제목이 좋아서 혹은 색깔이 좋아서 고르기도 합니다. 취향에 맞는 책을 구매하려고 하면 늘 새 책을 사줄 수가 없습니다. 경제적인 이유가 크지요. 책 하나 마음대로 사줄 수 없어서 중고서점을 찾아 헤맸던 미안한 엄마였지만 아이들은 개의치 않습니다. 책은 그저 책일 뿐이니까요.

아이들이 마음껏 책을 고를 수 있는 영어 원서가 많은 서점에는 '알라딘 중고서점'이 있어요. 저희는 다른 지역으로 볼일을 보러 가거나 놀러 가게 되면 그 지역의 '알라딘 중고서점'을 꼭 들르곤 했습니다. 거기에서는 어떤 책을 골라도 괜찮았어요. 특히, 절판된 책, 우리가 좋아하던 『Dr. Seuss』시리즈의 새로운 책들이 늘 있었어요. 그렇게 내 진심을 담아 골라온 책들은 엄마가 마음대로 고른 책보다 훨씬 아이들이 마음 열기에 좋습니다.

자극 없는 촌스러운 영상이 좋다

영어를 일상에서 쓰지 않는 우리나라의 경우 영어의 기본인 듣기를 하려면 무조건 영상이 필요합니다. 가끔 영상 노출을 불편하게 생각하고 책으로만 영어를 해결하려고 하는 분들이 계신데요. 저는 그 정도의 걱정이라면 엄마표를 하지 않는 것이 좋다고 봅니다. 듣지 않으면 아무것도 할 수 없기 때문이에요.

영어 듣기 환경에 도움이 되는 영상은 어떤 영상일까요? 영미권 국가들의 영어 교육을 위한 애니메이션 영상들은 그렇게 수려하지 않습니다. 어떤 면에서는 촌스러워요. 많은 영상들이 3D가 넘쳐나는 시대에 2D의 평면적 그림들을 가지고 있고 자극적이지도 않고요. 자극적인 영상은 아이들에게 도움이 되지 않아요. 더 강한 자극만을 찾게 될 뿐이죠. 아이들이 유튜브나 만화 채널에서 만나게 되는 수많은 영상을 보다 보면 정말 폭력적이고 자극적입니다. 영유아를 위한 영상으로만 보여주시고 나머지는 차단해주셔야 합니다.

저는 폭력적인 영상들은 일부러 보여주지 않았어요. 폭력이라고 하면 감이 안 잡히실 수도 있는데요. 누구를 놀리는 만화나 악당을 물리치는 만화 또한 폭력을 정당화시킨다고 생각을 했습니다. 무서운 캐릭터가 있는 만화들도 감정에 대한 폭력이 될 수 있어요. 유치원에서 듣고 온 만화를 찾을 땐 제가 먼저 보고 시청을 결정했습니다. 유해한 정보를 차단하는 것은 부모의 의무라고 생각합니다. 이런 강한 영상들을 보고 나면 두 아들의 놀이에도 영상 속에서 봤던 장면들이 들어가게 되더라고요.

영상을 볼 때 최대한 같이 봤습니다. 이것 또한 중요한 점입니다. 영상의 단점은 일방통행의 정보 주입과 소통이 불가능하다는 점이 있습니다. 옆에 앉아서 같이 박수도 쳐주고 못 들은 척 다시 물어보기도 하고 제가 더 신나 하면서 보기도 했습니다. 마치 책을 읽을 때처럼 아이와 소통해준다면 그 영상은 더 이상 아이 혼자 외롭게 보는 게 아니니까요.

마지막으로 영상 매체를 보는 도구인데요. 저는 TV화면으로 보여주려고 노력했습니다. 화면이 작아질수록 몰입도가 높아지는 대신, 보고 나서 빠져 나오는 데도 시간이 걸리더라고요. 아무리 교육적인 영상일지라도 너무 몰입하게 되면 현실과 미디어를 구분 못하는 아이에게 좋은 영향을 줄 리가 없습니다. 큰 화면으로 보게 되면 영상에 집착하지 않게 됩니다.

영상은 영어 학습에 반드시 필요합니다. 걱정이 된다면 그 걱정을 해결하면서 활용해야 합니다. 듣기 없이 언어는 되지 않아요. 좋은 영상으로 아이들의 귀를 트이게 해주어야 합니다.

자연스럽게 조금씩 채우자

엄마의 마음가짐과 책에 대한 정성 그리고 아이들을 즐겁게 해줄 영어 영상. 이 세 가지가 제가 알려드리고 싶은 비밀입니다. 세 가지를 지키면서 진행하는 것이 저에게는 큰 노력이었습니다. 저는 걱정 많고 성격 급

한 엄마였거든요. 흔들림 속에서도 중심을 잡을 수 있었던 것도 결국 엄마여서 가능했다고 생각합니다.

4년 전의 우리 집 거실을 다시 떠올려봅니다. 큰 애는 8살, 둘째는 6살이었지요. 작은 수납장 위에는 『Dr.Seuss』라임 동화책이 꽂혀져 있고 옆에는 CD를 틀어 들을 수 있는 플레이어가 있었습니다. 거실 가운데 작은 상에는 누르면 영어를 읽어주는 세이펜과 영어 동화책들이 있었습니다. 영어 단어카드들은 냉장고에 붙어 있고요. 당연히 바닥에도 책들이 굴러다녔지요. CD를 틀면 누가 뭐라 할 것 없이 같이 노래 부르고 춤을 췄습니다. 큰 아이가 낭독을 할 때 둘째는 그 책에 나온 캐릭터를 따라 그리고요. 우리 집 영어 환경은 결국 자연스러움이었습니다. 여러분의 거실도 금세 자연스러운 모든 것으로 채워질 것입니다.

4) 영어 공부의 시작은 아이의 취향 파악

도서 판매 웹사이트 활용하기

처음에는 당연히 어떤 동화책을 좋아할지 모릅니다. 아이에게 물어본다 해도 대답할 수 없는 나이이기도 하고요. 이때는 엄마가 알아서 책을 찾아줘야 하는데요. 막막할 때는 영어 도서를 판매하는 웹사이트에서 정보를 찾아보는 것으로 시작해보세요. 〈웬디북〉, 〈동방북스〉, 〈북메카〉의 웹사이트를 들어가시면 연령별 레벨별 책의 추천이 나옵니다. 첫 단계에 보는 보드북부터 10대 아이들이 읽는 챕터북까지 친절하고 자세하게 구분되어 있어요. 잘 정리된 추천도서들을 살펴보다 보면 아이가 좋아할 만한 그림체가 보이기도 하고 음원이 같이 있는 경우는 유튜브로 미리 들어보고 결정을 내릴 수도 있습니다. 웹사이트만 잘 살펴도 취향 찾기가 조금 수월해집니다.

베스트셀러 책들도 친절하게 알려줍니다. 즉, 인기 있는 도서들의 정보를 얻을 수 있는 것이죠. 인기 있는 책이 우리 아이에게 딱 맞지 않을 수도 있으니 무작정 구매하는 것은 추천하지 않습니다. 인기가 있다는 것은 대중적이라는 말이지 우리 아이 취향이라는 말은 아니기 때문입니다.

상을 받은 책의 경우도 유의하셔야 해요. 전문가들의 평가 점수가 높다 해서 우리 아이도 그 책에 높은 점수는 주지 않을 수도 있으니까요. 당연히 베스트셀러나 상을 받은 책들은 다른 책들보다 어린이들의 공통 성향에 맞게 나왔다는 보장이 있지만 저희 집에도 그런 책들 중에 찬밥인 책들이 있어서 말씀드려요. 예를 들어 세계적인 작가 에릭 칼의 동화책은 보기는 했으나 엄청 좋아하지 않았어요. 첫째 같은 경우는 음식에 관련된 것만 좋아했답니다. 둘째 같은 경우는 보기는 하지만 자주 찾지는 않았어요. 아무래도 표현 기법이 마음에 들지 않은 것 같다는 결론을 내렸는데요. 아이들에게 물어보면 좋아한다고 말은 해요. 하지만 자주 찾아보진 않았답니다. 이렇게 유명한 책이라도 우리 아이 취향이 아닐 수 있다는 점 기억하세요.

아직 취향이 분명하지 않은 경우 베스트셀러나 상 받은 책보다 더 효율적인 것은 묶음 판매입니다. 묶음 판매라는 것은 책을 여러 권 묶어 세트로 판매하는 것을 말하는데요. 주제별, 나이별, 레벨별 등등 기준에 따라 묶음으로 판매하기 때문에 쉽게 양질의 리스트를 얻을 수 있어요.

이때, 도서를 바로 구매하실 수도 있으나 도서관에서 빌려보고 구매하시는 것을 추천드려요. 우리나라의 도서관은 도서관마다 홈페이지가 있어요. 홈페이지에 들어가서 소장 도서를 검색할 수 있습니다. 같은 지역이라면 상호대차 서비스를 이용해서 다른 도서관의 책을 가까운 데서 받을 수도 있고요. 저희 지역 도서관은 5년여 전만 해도 영어책이 많지 않았어요. 저희 집에 있는 책이 더 많고 할 수 있을 정도였습니다. 다행히 새로 지어진 도서관에는 영어책이 충분히 많이 구비가 되어 있더라고요. 리스트의 책들을 도서관 앱에서 검색하시고 있다면 미리 빌려다가 보여주세요. 그 후에 구입하셔도 늦지 않습니다. 저는 동화책을 구입하는 쪽을 더 추천하는 편이지만 집마다의 상황은 다르니까요.

좋아하는 작가 찾기

아이들에게 사랑을 받았던 작가가 여러 명 있습니다. 앤서니 브라운, 닉 샤랫, 닥터 수스, 줄리아 도널드슨 등 유명한 동화 작가들이죠. 엄마표 영어를 첫째 돌 때부터 시작했으니까 짧게는 5년 길게는 10년도 넘게 아이들이 좋아하는 작가 분들입니다. 좋아한다는 취향을 분명하게 드러냈을 때는 작가님들의 거의 모든 책을 구매했습니다.

유의하실 점은 이렇게 한다 해도 1-2권은 읽지 않을 수도 있다는 것이에요. 그럴 때는 나머지 책들을 다 읽고 난 뒤 엄마와 같이 읽는 것이 가장 좋아요. 책 읽는 즐거움은 공감할 수 있을 때 더 커지니까요.

그러다가 작가님께 편지를 쓴 적이 있는데요. 닉 샤랫의 『Shark in the Park』라는 책이었는데 총 3권으로 출판된 책이었습니다. 어느 날 첫째가 왜 마녀 모자는 나오지 않느냐고 물었어요. 상어의 지느러미 모양을 보여주고 다음 장을 추측하는 책이었는데 마녀 모자가 한 번도 나오지 않는다며 왜 그러냐고 책을 볼 때마다 물어봤어요. 귀찮아진 저는 그럼 닉 샤랫 작가님께 편지를 쓰라고 했습니다. 작가님이 영국인이니 영어로 써야 한다고 했어요. 그러면 그만둘 줄 알았거든요. 이를 웬걸 진짜 편지를 쓰는 겁니다. 그 편지는 첫째의 첫 영어 글쓰기가 되었습니다.

이때 저는 아이의 용기가 신기하기도 하고, 기특해서 편지를 보낼 방법을 궁리했습니다. 작가님께 직접 보낼 수는 없으니 출판사에 메일을 보냈어요. 구글 번역의 도움을 받아 어색한 편지 보내기를 성공했지요. 작가님께 꼭 전달해주겠다는 답변도 받았습니다. 작가님의 직접적인 이야기는 듣지 못했지만 우리 첫째는 아직도 그 일을 말하면서 스스로를 자랑스럽게 생각한답니다. 좋아하는 작가가 생기면 독서 활동의 확장은 무궁무진합니다. 쓰는 것을 그다지 좋아하지 않았던 첫째의 연필을 움직이게 한 것은 결국 좋아하는 작가님에 대한 진심이었습니다. 다양한 동화책을 보다 보면 아이의 취향이 분명하게 보입니다.

도서관에서 보물찾기

종종 영어책을 추천해달라는 받습니다. 저는 "도서관에 아이와 함께 가보세요."라고 말씀드립니다. 단순한 책 추천은 제가 해드릴 필요가 없어요. 인터넷에 정보가 넘쳐나니까요. 웹사이트에서 자료를 찾고, 좋아하는 작가와 주제로 확장독서를 하게 계획을 세우는 것은 엄마가 주도적으로 해야 하는 일입니다. 아이에게서 관찰한 정보를 가지고 독서를 확장 시키는 방법이죠.

정말 아이가 뭘 좋아하는지 모르겠다면 도서관을 데리고 다니시는 것이 가장 좋은 방법입니다. 아이가 주도적으로 자기의 의견을 표현할 수 있는 곳이기 때문입니다. 도서관을 가면 기본적으로 어린이 열람실이 별로도 있습니다. 그리고 요즘의 도서관들은 편하게 책들을 찾고 읽을 수 있게 잘 구성되어 있지요. 엄마의 손을 잡고 들어간 도서관이지만 아이들이 책을 고를 때는 스스로 고른 다는 점을 기억하세요. 엄마가 말하기 전에 아이는 자기의 눈에 들어온 책을 집어들 것입니다.

아이 수준에 어려운 책이어도 걱정하지 마세요. 엄마가 같이 읽어주면 됩니다. 영어가 너무 어려워 보인다면 그림 읽기를 해주시면 됩니다. 표지와 책의 그림들을 보면서 대화를 나누고 어느 작가의 어떤 그림책인지 사진을 찍어두세요. 그리고 집에 오셔서 검색을 하면 그 작가가 쓴 다른 쉬운 동화책이 있을 것입니다. 그렇게 구한 동화책을 아이에게 선물하세요. 자기가 좋아하는 그림을 엄마가 기억했다는 것에 정말로 기뻐하겠지요?

도서관이라는 장소는 처음에 모든 것을 보여주지 않습니다. 조용한 분위기가 낯설어 투정을 부릴 수도 있지요. 저희 아이들은 아토피 때문에 따뜻한 곳은 못가는 편이라 도서관 방문이 힘들기도 했답니다. 그런 상황이 아니라면 아이와 함께 도서관을 방문하세요. 방문하는 횟수가 많아질수록 책을 고르는 눈이 높아지고 보물찾기가 쉬워질 것입니다.

저는 시행착오를 굉장히 많이 한 사람입니다. 반대로 말하자면 시도를 멈춰본 적이 없다고 말할 수 있지요. 오늘 고른 책을 재미없어 한다면, 다음 날 새로운 책을 쥐어주었어요. 하지만 처음 골랐던 책을 잊어버리지 않았습니다. 언제 다시 흥미가 올지 모르니까요.

정성스레 고른 책을 아이가 읽지 않았을 때 아쉬움과 실망감은 늘 저를 흔들었는데요. 일희일비할 필요가 절대 없더라고요. 엄마인 내가 재미있어도 우리 아이는 재미없을 수도 있는 것입니다. 아이의 취향을 존중하고 관찰하세요. 어느 분야에 관심이 있는지 신경 써서 살펴주세요.

5) 모국어를 채우는 유일한 방법, 엄마표 영어

모국어와 외국어의 관계

우리 아이들은 생후 1년 쯤 된 어느 날, 엄마 혹은 아빠라는 말을 시작했고 그 후로 지금까지 말을 하지 않은 날은 없습니다. 그런데도 왜 말을 할 때 답답함을 느끼는 경우가 생길까요? 하나의 기술을 연마했다면 명장의 소리까지 들을 수 있는 시간인데도 말로 명장이 되기는 힘듭니다. 왜냐하면 말은 글이 아니기 때문입니다. 모국어는 기본적으로 소통을 하기 위해 습득합니다.

인간의 소통은 생존 욕구에서 시작하기 때문에 욕구가 채워지면 더 이상의 발전 필요성을 못 느낍니다. 인간은 동물이 아닙니다. 즉, 단순한 소통만 하고 살 수가 없습니다.

어느 나라에서든 문자를 배우고 익히고 문자를 토대로 학습을 하게 됩니다. 우리나라에서는 한글을 배운 후 한글을 토대로 학습을 하게 됩니다. 아이들이 한글을 스스로 떼는 시기는 다 다르지요. 우리 집 아이들처럼 일찍 떼는 아이들도 있고요. 7세 후반에 가서 익히는 친구들도 있습니다.

한글을 배웠다면 이제 무엇을 해야 할까요? 문자를 배웠으니 문자로 이루어진 책을 읽으면서 지식을 습득해야 합니다. 직접 경험이나 가까운 어른과의 대화에서도 지식을 배울 수는 있지만 가장 큰 영향을 미치는 것은 책입니다.

기초적인 소통단계를 뛰어넘어 내가 배운 내용들을 말 속에 집어넣을 수 있을 때 '모국어를 채웠다.'라는 말을 할 수 있습니다. 이 과정은 한순간에 일어나는 것이 아니라 지속적으로 평생 계속되어야 합니다.

독서를 하다가 멈춘다면 더 이상 발전이 없고 후퇴하기도 합니다. 성인이 되어서도 책을 읽어야 하는 이유가 바로 거기에 있습니다. 나이가 들어서, 기억력이 떨어져서 모국어 실력이 줄어드는 것이 아니에요. 노력하지 않으면 우리의 언어 능력은 발전할 수가 없습니다. 우리말인데도 이해가 잘 안 되고 내 생각을 표현하기 힘들다면 스스로의 독서 습관을 체크해보시는 걸 추천합니다.

　모국어와 엄마표 영어는 무슨 상관이 있을까요? 모국어를 습득해 본 후에야 그 방법을 외국어에 적용시킬 수 있다는 말입니다. 미국인 엄마가 한국을 좋아해서 아이에게 한국어를 가르치려고 합니다. 아이는 아직 영어를 잘 못해요. 이때 이 엄마는 영어를 멈추고 한국어를 가르쳐야 하나요? 너무나 답이 뻔합니다. 이렇게 단순한 진리인데 왜 우리나라 아이들이 모국어를 채우지도 않았는데 영어로 내몰려야 하나요.

　내가 평생 쓸 모국어를 채워주는 것이 가장 우선인데, 아이들은 학습을 하느라 독서를 할 충분한 시간이 부족합니다. 이제야 문자인지를 시작한 친구들에게 필요한 것은 한글책이지 영어 단어 암기가 아닙니다. 우리나라에서 모국어를 제대로 채우려면 엄마표 영어를 해야 합니다. 영어를 잘하려고 모국어 실력을 채우는 것이 아니지요. 그것은 주객이 바뀐 것입니다. 모국어를 제대로 채우려면 엄마의 도움이 절대적으로 필요합니다. 시간이 충분히 필요합니다. 아이에게 발맞춰 진행할 수 있는 엄마표 영어가 역설적으로 아이의 모국어 발달에 가장 좋은 방법이라는 것 아시겠지요?

모국어는 문자만으로 채울 수 없다

첫째가 7세 때였습니다. 그날 전래 동화를 정말 재미있게 읽어주었습니다. 뒷장의 주인공을 보면서 첫째가 질문을 합니다. "엄마, 이사람 누구예요?" 분명 깔깔거리면서 이야기를 들었고 중간 중간 질문도 했었습니다. 이게 무슨 일인가요. 주인공이 누구인지 모르는 것이었습니다. 아이가 왜 이해 못하는지에 대해 갈피를 잡을 수 없었습니다. 얼마 지나지 않아 저는 질문 자체를 잘못하고 있었다는 것을 깨달았습니다.

저는 글자가 아니라 그림을 읽어주지 않았던 것입니다. 동화책은 일반적인 책과 다릅니다. 그림도 말을 합니다. 글자에서 보이지 않는 내용이 그림에 숨어 있습니다. 즉 동화책을 구성하고 있는 모든 조건이 모국어를 채워주기 위해 기다리고 있는데 저는 글자에만 집중했던 것이었어요. 나름 그림 읽기를 잘 해준다고 자부했던 저였는데 전래 동화에서는 소홀히 했습니다. 당연히 알 것이라고 착각했던 것이지요.

동화책이 포함하고 있는 모든 부분이 아이의 머릿속으로 들어갈 때 종합적인 발달이 일어날 수 있습니다. 모국어의 영역 속에 들어갈 수 있는 지식은 무한합니다. 그 지식을 아이 혼자서 판단하고 입력하기에는 벅찹니다. 엄마라는 조력자가 이래서 필요한 것입니다.

모국어에 들어갈 수 있는 지식 중에 가장 어려운 것이 외국어입니다.

한글로 쓰인 정보들도 모국어화되려면 굉장한 노력이 필요합니다. 단순하게 내가 책을 읽었다고 내용을 다 아는 것이 아닙니다. 안다는 것은 입력된 지식을 말로 출력할 수 있을 때 할 수 있는 말입니다.

지식은 읽을수록 습득 능력이 빨라지고, 아이의 모국어 실력은 빛이 나게 됩니다. 거기에 엄마표 영어를 얹는다면 어떻게 될까요? 엄마와 함께 모국어를 채우던 아이는 영어도 자연스럽게 자신의 영역으로 받아들이게 됩니다. 한글을 익히던 그 모습대로 영어도 익히게 되니까요. 모든 사람은 한 번 했던 행동을 두 번 할 때는 적은 힘과 노력으로 할 수 있게 됩니다.

엄마표 영어를 진행할 때에 태어나서 처음 배워보는 외국어여서 힘든 것이지 다른 이유로 힘들게 하진 않습니다. 저희 아이들도 영어 이후에 중국어나 스페인어를 관심 가지기도 했어요. 언어 자체에 대한 관심이 샘솟게 되는 것입니다. 영어 동화책을 엄마와 같이 읽을 때 우리는 영어로만 대화한 적이 없습니다. 책은 영어로 쓰였지만 그림 읽기는 우리말로 진행했어요. 영어 동화책도 아이의 모국어 발달에 도움을 줄 거라는 것은 분명합니다.

작가의 모국어로 쓴 동화책을 읽자

엄마표 영어를 진행하는 친구들은 대부분 한글 수준이 영어 수준보다 높을 것입니다. 아니면 저희처럼 비슷한 수준으로 진행하고 있는 친구들도 있겠지요. 어느 쪽도 괜찮습니다. 결국은 모국어가 앞서 가니까요. 이 것은 지극히 정상인 현상입니다.

동화책을 고를 때 중요하게 보는 것이 있습니다. 바로 '작가의 모국어' 인데요. 한글과 영어 동화책인 경우 한글 동화책은 우리나라 작가의 창작 동화책으로 또 영어 동화책은 영어가 모국어인 작가의 동화책으로 읽어야 한다는 것입니다.

번역을 나쁘게 생각하는 것은 절대 아닙니다. 동화책의 경우 그림과 글의 조화가 무엇보다 중요합니다. 동화책 속에서 글과 그림이 자신의 이야기를 하고 있습니다. 글 작가와 그림 작가가 같은 분일 경우 더욱 그 나라의 언어로 봤을 때 매력이 더 커집니다. 영어 원서로 읽었던 책을 번역서로 읽었을 때의 어색함을 너무 자주 느끼다 보니 영어 실력이 올라가면서부터는 굳이 번역서를 보여주지 않게 된 것입니다. 반대로 영어가 표현 못 하는 우리말의 아름다움을 한국 작가님들의 창작동화에서 느끼게 해주는 것이죠. 지금 첫째의 한글책과 영어책 목록도 그렇게 나뉘어 있습니다.

초등학교 고학년부터는 더욱더 언어의 맛을 알아가는 게 중요하다고 생각합니다. 첫째는 『구덩이』가 아닌 『Holes』를 읽고, 『기억 전달자』 대신 『The Giver』를 읽습니다. 정말 훌륭한 책들이라 번역이 잘되어 있겠지만 원서를 읽고 이해가 가능하기 때문에 굳이 번역서를 읽히지 않았습니다. 번역서를 읽는다면 내용은 더 분명해지겠지만 책을 읽는다는 것은 단순히 내용 파악을 위한 것이 아니니까요. 바꿔 생각하면 『푸른 사자 와 니니』를 굳이 영어 번역서로 읽지 않는 것과 같은 이유입니다. 아이의 영어가 자라면서 모국어와 영어가 더 이상 이질적인 두 개의 언어가 아닌 서로 호환이 된다는 것을 느끼고 있습니다. 모두 동화책으로부터 시작된 독서의 결과입니다.

한글과 영어가 100% 호환될 수 없는 언어라는 것을 너무도 잘 알고 있습니다. 문장 구조도 다르고 분위기도 다릅니다. 이렇게 이질적인 두 언어가 동시에 아이들의 머릿속에 들어갈 수 있는 이유는 무엇일까요?

이 세상의 모든 아이들은 어른에게 모국어를 배웁니다. 어른들 중 가장 큰 영향을 미치는 것은 다름 아닌 엄마지요. 세상의 모든 엄마는 같은 방법으로 모국어를 가르칩니다. 아이와 대화하고 책을 읽어주고 경험을 함께 하면서 모국어로 소통을 시작하지요. 글자를 알려주고 단순한 소통 이상의 말을 할 수 있게 함께합니다. 이렇기 때문에 이질적인 언어인 한글과 영어를 동시에 배워나갈 수 있는 것이고 그 방법으로는 모국어 습득방식과 가장 유사한 엄마표 영어가 제격이라는 것입니다.

한국어와 영어는 따로 떼어 생각할 영역이 아닙니다. 언어로 같이 묶어 발전시킬 수 있습니다. 두 언어는 서로 발전하는 데 도움을 줍니다. 영어로 이해 안 되는 과학 이론을 한글로 배워 이해하고, 또 한글로 쓴 책을 읽고 영어로 독후감을 쓸 수도 있어요. 모국어를 채워 가면 그것이 영어의 바탕이 되고 영어를 습득하면서 모국어는 더욱 빛나게 됩니다.

2장

LEVEL 1 같이 듣기

난생 처음 엄마표 영어의 시작

1) 영알못 엄마의 엄마표 영어 스타트!

첫째가 돌 즈음 되어서 저는 정보를 찾아보기 시작합니다. 성격이 정말 급한 편인 저는 '어떻게 하면 영어 학원을 보내지 않을 수 있을까?'에 대한 고민을 돌쟁이 아이를 두고 시작합니다. 그 당시에는 아는 것이 하나도 없던 엄마였습니다. '학원은 절대 보내지 않겠다!' 그 목표만 가지고 있었을 뿐이었지요. 무식하니까 용감하다고 겁 없이 영어의 세계로 뛰어

들어갑니다. 웹서핑으로 찾아본 영어 교육과 관련된 세상은 정말 넓었습니다. 그저 단순히 암기만 하는 곳은 싫어하기만 했지 더 찾아볼 생각을 안 했으니까요.

영어 학원도 종합학원의 시험용 영어 말고도 어학원, 영어 유치원이 있다는 것도 알게 되었고요. 엄마표 영어라는 단어를 처음 알게 되었을 때도 그 즈음이었습니다. 학원이야 원래 보내고 싶지 않았던 곳이고, 아직 영어 유치원은 보내기 이른 시기였으니 모두 후보군에서 탈락했습니다. 정말 단순한 이유로 다 탈락을 시켰지요.

첫째 유치원 갈 시기에 영어에 관심을 가지기 시작했다면 엄마표 영어를 시도하지 않았을 수도 있습니다. 이미 늦었다고 포기하고 영어 유치원이나 영어 사교육 검색을 하고 있었겠지요. 엄마표 영어를 알게 되었어도 지레 겁을 먹고 도전조차 하지 않았을 수도 있습니다. 언어를 배움에 있어서 아이들에게 늦은 시간은 없습니다. 엄마의 고민보다 아이들의 성장은 더 빠릅니다. 엄마와 함께한 배움은 아이들의 머리뿐만 아니라 마음에까지 새겨져 지워지지 않는 귀중한 추억이 되니까요.

우리 집 첫 영어책 소개

첫째가 지금 12세니 10년은 넘은 이야기입니다. 한가로운 오전을 보내면서 홈쇼핑을 보고 있었는데요. 눈에 확 띄는 상품이 보였습니다. 상품 이름은 『노부영 세이펜 에디션 30+5』이었습니다. 홈쇼핑에서 영어책을 파는 것이 신기했던 저는 방송을 자세히 봤습니다. '음, 동화책을 5권이나 더 준다고?', '세이펜은 또 뭐야?', '저걸 애들이 본다고?', '런칭 때가 제일 싼데?' 등등 수많은 고민을 하다가 구입을 합니다.

그때 저는 '엄마표 영어는 책이다.'라는 공식 하나만 머리에 담고 있었습니다. '그래 이 책으로 열심히 영어 공부 시켜봐야지!'라는 어이없는 상상을 하면서요. 『노부영』은 노래 부르는 영어라는데 무슨 노래인지도 모르고, 세이펜은 또 왜 주지?'라는 질문을 던지면서 택배 도착하기를 기다렸습니다.

책을 받은 날 큰 충격을 받았습니다. 책을 펼쳐봤는데 너무나 어려웠습니다. 『노부영』은 영어로 쓰인 원서에 음원을 입힌 동화책이었기 때문에 문장의 난이도가 제 상상 이상이었어요. 물론 숫자나 알파벳이 나온 동화들도 있긴 했지요. 숫자라고 하면 one, two 이렇게 단어로 셀 줄만 알았지 문장을 만들어본 적이 없었기 때문에 혼란스러웠습니다.

어떻게 읽어줘야 되는가? 고민에 빠졌습니다. 영어를 보면 해석을 하려는 본능이 꿈틀거리는 저에겐 너무나 어려운 표현들이었습니다. 도대체 고등학교까지 영어를 배운 내가 이정도의 영어에 당황하고 있다는 것이 부끄러웠습니다. 도대체 내가 배운 영어는 무엇인가 하는 원론적인 고민도 했습니다. 한동안 이것을 반품해야 되나 고민했습니다. 저에게 찾아온 영어 동화책 35권은 엄청난 압박이었거든요.

첫째에게 책을 읽어주다가 문득 그런 생각이 들었습니다. '이 시기의 모든 아이는 똑같이 엄마가 책을 읽어주겠구나.'라고 말이죠. 제가 한글 동화책을 읽어줄 때 무엇인가를 기대하고 읽어준 것은 아니었습니다. 산책도 하고 놀이터에 놀러가는 것처럼 그렇게 일상적으로 책을 읽어줬습니다.

영유아기에 책을 읽어주면서 그 책의 내용을 100% 이해하고 흡수하기를 바라는 엄마는 없습니다. 아이의 정서가 안정되기를 바라고 지금의 책들이 나중의 마중물이 되기를 바라는 마음일 뿐이지요. 생각을 다 바꿔야 엄마표 영어가 가능하다는 것을 깨달았습니다.

이제까지 영어를 생각했던 방식으로는 아이의 영어를 시작할 수가 없었어요. 그때부터 영어 동화책도 한글 동화책과 똑같이 그림책이라는 생각을 하려고 노력했습니다.

제 고민이 무색하게도 이 책들은 읽는 책이 아니라 듣는 책이었습니다. 나중에 커서는 스스로 읽는 책이 되었지만 듣기를 위해 음원이 제작된 책이었습니다. 우리말을 배울 때도 전래동요들을 부르는 것처럼 좋은 동화책에 노래를 입혀놓은 것이었어요. 하루 종일 음악이 흐르는 집의 분위기는 한결 더 부드러워졌습니다.

결과에 대한 걱정은 아무런 도움이 되지 않습니다. 멋모르고 시작하는 것이 가장 완벽한 방법일지도 모릅니다. 언어를 배울 때 듣기를 먼저 해야 된다는 진리를 알고 시작한 것은 아니지만 결국 그 길을 걷게 되었습니다.

『노부영』 동화책들을 많이 봐서 시그널 송을 다 외우는 수준이 되고, CD를 틀어주면 어떤 노래가 나오는지 기대를 하면서 두근거렸습니다. 아무것도 아닌 것에 까르르 웃는 첫째와 함께 CD의 시작 반주를 들으며 무슨 노래인지 맞추는 게임도 너무나 즐거웠습니다.

우리 집은 말 그대로 편안하게 영어를 시작하게 되었습니다. 영어의 처음이 학습이 아니라 음악이었다는 것은 우리에게 정말 다행이었습니다. 음악 없는 딱딱한 음원이었다면 이 또한 재미를 붙일 수 없었을 것입니다.

엄마의 마음은 다 똑같습니다. 영어를 거부감 없이 받아들이고 즐기기를 바랍니다. 이런 결과를 얻으려면 엄마의 노력이 필요합니다. 노력의 방법은 정말 다양합니다. 아이를 키우고 아이의 교육적 배경이 되어주는 것은 엄마가 가장 잘할 수 있는 일입니다.

첫째는 35권의 동화책 중에 몇 권을 좋아했을까요? 결국은 모든 책을 다 보게 되었지만 처음엔 3-4권 정도만 흥미를 가졌습니다. 모든 책을 좋아할 수는 없지만 어떻게 하면 재미를 붙일까를 고민했습니다. 그렇게 실타래를 하나씩 풀었습니다. 정답일 때도 있고 오답일 때도 있습니다. 어느 쪽이든 아이가 듣는 영어의 양은 자꾸 늘어납니다.

우리 집은, 신나는 음악을 들으며 영어를 시작했습니다.

2) 외국어는 모국어 위에 설 수 없다

바이링구얼(Bilingual, 이중 언어 구사자)이라는 환상

　우리 첫째가 영어로 의사를 표현하고 생각을 꺼내게 되었을 때, 저는 우리 아이가 바이링구얼이 될 수 있다는 희망에 빠졌습니다. 지금은 다른 성격이 되었지만 어릴 때는 말이 많지 않고 소극적이고 내향적인 성격이었거든요. 영어로 말 한마디 못하던 아이가 말이 점점 유창해지자 언젠가는 한글과 영어를 자연스럽게 오고갈 수 있을 것이라는 생각이 들

었습니다.

지금 저희 첫째는 미국 6학년이 듣는 랭귀지 아트(Language Arts)와 월드 히스토리(World History) 수업을 무리 없이 듣습니다. 영어로 자신의 생각을 표현하고 에세이나 북리뷰를 쓰는 것도 잘하고 있습니다. 독서 또한 영미권의 또래와 견주어 뒤처지지 않아요. 객관적인 렉사일 지수 또한 좋게 나오는 편입니다.

렉사일(Lexile)지수는 미국의 교육 연구기관 메타메트릭스(MetaMetrics®) 사에서 개발한 독서 수준 지표로서, 전 세계 30여 개 이상의 국가와 미국 21개 주의 공교육에서 사용하고 있고요, 미국에서 가장 대표적인 영어 읽기 능력 평가로 인정받고 있는 지수입니다. 그렇지만 저는 이 정도의 수준을 바이링구얼이라고 말하지 않습니다. 그런 표현 대신 환상에 빠졌었다고 말을 합니다.

아무리 제가 영어 환경을 집 안에 만들어주었다 해도 모국어만큼은 아니기 때문입니다. 제가 영어를 쓰지 않기 때문이죠. 바이링구얼이 되려면 영어를 쓰는 사회에서 살면서 집 안에서만 엄마의 언어인 한국어를 쓰거나 반대의 경우를 만들어줘야 가능성이 높아진다고 봅니다. 가장 좋은 방법은 모국어를 완성시킨 초등 고학년에 이민이나 조기 유학을 떠나는 것이 아닐까 합니다.

우리 아이들은 집에서 놀 때 영어로 놀기도 하고 우리말로 놀기도 합니다. 하지만 미국 아이들이 쓰는 줄임말이나 농담들을 그들처럼 하진 못합니다. 그렇게 할 수 있는 상황이 아니었으니까요. 우리나라는 EFL(English as a foreign language) 국가입니다. 영어가 완전히 외국어 취급을 받는 국가입니다. 일반적으로 한국인끼리 길거리에서 영어를 쓰지 않아요.

많은 엄마들이 왜 바이링구얼의 환상이 있는지에 대한 질문도 던져보았습니다. 아이의 영어는 계속 발전할 것이고 이왕이면 바이링구얼이 되는 아이로 자라기를 바라는 엄마의 욕심 같습니다.

우리나라에서 영어는 꽝장히 특이한 위치에 있습니다. 우스갯소리로 영어를 가장 잘해야 하는 곳은 미국, 영국이 아니라 우리나라라고 합니다. 사교육 시장의 수준이 높게 책정되어 있어서 외국에서 돌아온 소위 말해 리터니 아이들도 대치동의 레벨테스트를 못 버티고 떨어집니다. 영어를 가장 어렵게 배우는 것이 우리나라라는 것이죠.

발표된 논문들을 비롯해 지식들의 90%가 영어로 쓰여 있습니다. 영어를 알게 되면 내가 아는 세상 자체가 넓어지게 됩니다. 그렇다 하더라도 군이 바이링구얼이 될 필요는 없습니다. 그렇게 되어야 영어가 편해지고 인정받는 것은 아니니까요. 엄마와 아빠의 국적이 달라 정말 진정한 바이링구얼이 되는 경우가 아니라면, 문화적 충돌로 인한 정서의 불안함도 당연히 따라오는 문제점이 되겠지요. 저는 더 이상 저희 아이들이 바이링구얼이 되기를 바라지 않아요. 지금처럼 영어와 한글을 둘 다 사랑하기만 한다면 좋겠습니다.

외국인이 한글을 배운다면 책을 읽을 수는 있지만 영어가 모국어인 엄마들이 이 책을 읽을 필요는 없습니다. 그 분들에겐 자신들의 모국어로 쓰인 교육서가 제대로 된 길잡이가 되겠지요. 누구에게나 제1순위의 언어가 모국어이고, 이 순위는 절대로 뒤집힐 수 없기 때문입니다. 언어의 우선순위는 지켜져야 됩니다.

우리말보다 영어가 더 빠른 친구들이 좋아 보이겠지만 최종 목적지가 외국 대학이 아니라면 부러워하지 않으셔도 됩니다. 대한민국에서 사는 사람에게 가장 중요한 것은 우리말이기 때문이지요. 그 친구들은 나중에 한글 때문에 고생을 하게 됩니다.

하나의 언어가 완벽하게 내 것이 되기는 힘듭니다. 나이가 들수록 점점 고차원적인 지식을 배우기 때문에 모국어가 1순위가 아니라면 학습을 이어나가지 못합니다.

첫째가 1학년 때 온라인으로 매쓰(Math) 수업을 들을 때였습니다. 수학 학습을 해보진 않은 상태였습니다. 한글과 영어 동화책으로 읽어본 정도였지요. 그날 수업의 영상에서는 분수를 알려주고 있었습니다. 영어로 진행되는 개념 설명을 이해할까 궁금했습니다. 첫째는 분수의 개념을 이해하고 있더라고요. 모국어로 배우지 않은 내용을 영어 개념으로도 익힐 수 있다는 점에 저는 놀랐습니다. 이제까지 해온 과정이 헛수고는 아니구나 하면서 기뻐하기도 했습니다.

그 후에 저는 분수라는 단어를 알려주고 우리말로 다시 되짚어 설명을 해주었습니다. 그리고 책 읽기에 조금 더 신경을 쓰기 시작했습니다. 고학년으로 올라갈수록 복잡한 지식들이 등장하기 때문에 영어로만 배우는 것은 무리이기 때문입니다. 독서의 수준이 올라갈수록 영어의 배경지식 또한 자연스럽게 쌓이게 됩니다. 배경지식은 한글로 먼저 쌓기를 권합니다. 한글로 입력된 후 영어로 변환되는 것이 훨씬 효율적이기 때문입니다.

한글책 독서의 중요성

일정 수준 이상의 실력이 되면 더 이상 언어의 순위에 신경을 쓰지 않아도 됩니다. 이미 머릿속 언어의 방에 두 언어가 동시에 존재할 수 있게 되었기 때문이죠. 바이링구얼의 수준까진 아니더라도 영어를 굉장히 잘 활용할 수 있는 상태가 됩니다.

아이가 지식 습득을 시작하는 시기에는 모국어가 훨씬 우선이라는 것을 기억하세요. 엄마의 언어로 아이에게 접근하는 것이 엄마에게도 좋습니다. 우리가 영어 사전을 외워서 아이에게 영어로 개념을 설명해주는 것은 불가능합니다. 우리말로 차근차근 설명해주는 것이 훨씬 더 수월하겠지요. 한글의 성장 속도가 영어보다 엄청 빠르지 않아도 좋습니다. 두세 걸음 앞서간다고 생각해주세요.

한글 독서 없이는 학교에서의 기본적인 학습조차 힘듭니다. 의무교육이라고 하는 것은 평균적인 학업 능력을 키우기 위한 것입니다. 평균이라고 하는 기준조차 어려워하는 학생들이 많아지는 것이 현실입니다.

학교는 평균의 학습을 가르치고 있지만 그것들을 수월하게 습득하기 위해서는 제 학년보다 살짝 높은 수준의 지식을 가지고 있어야 합니다. 지식은 선행학습으로 문제지를 풀고 학원을 다녀서 얻을 수 있는 것이 아닙니다.

영어는 외국어입니다. 사람들이 쓰는 언어들은 서로 아주 다르지만 또 비슷한 점이 많아서 결국은 습득할 수 있습니다. 기초단계에는 습득을 해야 하는데 하나의 언어를 먼저 정립하는 것이 정말 중요합니다. 기본이 갖춰지지 않은 공터에는 건물을 세울 수가 없습니다.

인간의 머릿속에는 두 언어가 공존할 수 있습니다. 결국에는 두 언어의 수준이 비슷한 단계까지 올라갑니다. 외국어는 모국어 위에 설 수 없다는 것을 기억하세요. 실제적으로 나와 가장 가까운 언어를 먼저 공략

하는 것입니다.

두 언어가 동시에 성장하지 않는다고 걱정하실 필요가 없습니다. 아이들마다 발전 시기도 다르니 아이에게 맞춰주세요. 저희 둘째는 영어가 우위였던 시절이 더 길었습니다. 둘째가 아토피라는 병치레를 하면서 영어로 위로를 받았거든요. 둘째는 영어책을 읽으며 아픈 시절을 잘 버텨주었습니다. 반대로, 한글 동화책은 엄마가 읽어주면 들었지만 스스로 잘 찾아 읽지는 않았어요.

둘째가 아홉 살이었던 작년 여름, 한글 독서 없이는 더 이상 영어의 수준이 올라가지 못하는 때가 찾아왔습니다. 아이가 영어를 좋아한다고 해도 한글이 우위에 서는 시기는 반드시 찾아옵니다. 영어를 좋아하는 친구들일수록 꼭 한글을 챙겨주세요. 좋아하는 영어를 더 잘하려면 우리말이 필요하다는 것을 알게 해주세요.

3) 같이 듣기를 먼저 시작해야 하는 이유

3천 시간의 듣기를 채우자

세계적인 언어학자 스테판 크레션 교수는 "한 가지 언어를 습득하려면 뇌가 청각을 통해 해당 언어에 3천 시간 정도 연속 노출되어야 한다."라고 설명했습니다. 청각 자극 3천 시간이라는 말들을 들으면 우리는 지레 겁을 먹습니다.

아기는 태어나면 하루 10시간은 엄마를 비롯한 가족들의 대화를 듣게 됩니다. 잠을 잘 때 듣는 무의식적인 청각 자극까지 계산해볼게요. 엄마가 아기에게 관심을 두는 모든 시간이 청각 자극 시간이 됩니다. 단순 계산을 해봤을 경우 1년이 되면 3천 시간이 채워지게 됩니다. 6개월이 지나면 옹알이를 하고 1년이 지나면 첫 단어를 말하게 됩니다. 아기들은 자신의 모국어를 자연스럽게 배웁니다. 어렵고 힘든 일이 아니에요. 모국어를 배우는 환경은 이미 완벽하니까요. 나에게 들리는 모든 언어가 우리말이니 힘들지 않게 말을 배울 수 있게 합니다.

외국어도 잘 듣기만 하면 습득할 수 있다는 말이 됩니다. 그러기에는 한 가지 넘어야 할 장애물이 있습니다. 바로 환경입니다. 주변의 모든 소리를 외국어로 만들어줄 수 없으니까요. 영어를 배울 때 모국어처럼 하루 10시간 이상 노출 할 수가 없습니다. 그런 방법은 영유아에게 권하지도 않습니다. 왜냐하면 영유아 시기는 모국어도 발전해야 되는 시기이기 때문입니다. 그렇다면 시간을 쪼개 보겠습니다.

하루 3시간 × 365일 × 3년

단순한 계산으로 나오는 공식입니다. 하루 3시간씩 3년 동안 진행!

이 방법이 성공할 수 있는 이유는 '듣기'이기 때문입니다. 듣기를 할 수 있는 자료들은 무궁무진합니다. 듣기를 할 수 있는 장소도 한정되어 있지 않아요. 엄마와 아이가 함께 있는 시간은 무조건 듣기가 가능합니다.

하루 중 3시간을 제외하고는 우리말로 배우고 말을 하고 놀이도 하고 소통도 할 수 있기 때문에 이 시간은 외국어를 위해 기꺼이 만들어줄 수 있는 시간이 됩니다.

여기서 엄마들은 또 고민에 빠집니다. 유치원, 어린이집 다녀오느라 지친 애를 붙들고 영어를 들려줘야 되나 하는 미안한 마음 때문입니다. 직장을 다니는 워킹맘 경우에는 집에 들어와서 쉴 시간도 없이 또 아이에게 매달리게 되는 상황이 서글프게 느껴질 수도 있습니다.

우리가 하려는 것은 학습이 아닙니다. 이리 저리 움직이려는 아이를 제자리에 붙들어 앉혀서 하는 공부가 아니에요. 우리는 아기를 눕혀놓고 기역, 니은을 가르치지 않았습니다. 동요를 불러주고, 자장가를 불러주고, 사랑한다는 말을 했지요. 언어를 자연스럽게 배운다는 것은 이런 것입니다. 3천 시간의 영어를 학습으로 채우지 않으셔야 합니다.

엄마가 같이 들어야 하는 이유

제 영어 노래는 중1 때 알파벳 송에서 시작했습니다. 팝송으로 영어를 가르쳐주신 중학교 선생님 덕에 비틀즈와 카펜터스, 아바를 알게 되었지요. 그때는 그 영어 가사조차 노트에 가사를 쓰고 선생님의 직독 직해 해석을 필기해 가면서 배웠던 생각이 납니다. 듣기를 해본 적이 없는 저는 전혀 알아들을 수가 없었습니다. 영어의 연음, 라임, 분위기 아무것도 몰랐습니다. 그랬어도 다 같이 노래를 부를 때 기분이 좋았다는 것은 기억이 납니다.

공유를 하고 소통을 할수록 영어는 점점 더 자연스럽게 스며듭니다. 초등 저학년까지의 아이들의 행동은 엄마와 아주 밀접한 관계를 가지고 있습니다. 대부분의 행동이 엄마를 기쁘게 하고 칭찬을 받기 위한 행동입니다. 처음에는 엄마가 들려주니까 칭찬받으려고 듣기 시작했는데, 엄마가 나와 같이 들어주고 공감을 해주니 아이 입장에서는 신이 나는 것이죠.

공감과 소통은 엄마표 영어를 진행할 때 마법 같은 일들을 만들어냅니다. 단순히 같이 들어주고 이야기를 나눈 것뿐인데 효과가 나타납니다. 아이의 영어가 발전하는 것을 보는 것이죠.

듣기는 어디에서든 할 수 있습니다. 아이 옆에 붙어 앉아 있으라는 말이 아닙니다. 음악을 틀어놓으면 거실, 주방 어디서든 들리게 됩니다. 영상이든 책이든 아이가 보고 있는 콘텐츠에 대해서 이야기를 하면 됩니다. 주인공에 대해 이야기할 수도 있고요. 음악이라면 악기에 대한 이야기를 나눌 수도 있습니다. 노래에서 들리는 단어들을 하나씩 꺼내봐도 됩니다. 같이 듣기를 하지 않는 것은 단순히 습득의 속도가 느려지는 것 이상의 힘듦을 아이에게 줄 수 있습니다.

혼자 하는 것은 재미가 없거든요. 재미가 없으면 영어는 절대 늘지 않습니다. 같이 듣고 호응하고 소통해주세요. 그것이 엄마표 영어가 성공하는 가장 큰 이유입니다.

같이 듣기는 엄마에게도 힐링이다

제가 첫째의 영어를 놓지 않을 수 있었던 것은 음악 덕분이었습니다. 앞에서 말한 '같이 듣기'의 힘이었지요. 동화책과 너무나 잘 어울리는 음악들은 저의 마음을 달래주었습니다. 그중에 가장 좋아했던 노래는 『UP, UP, UP』이라는 동화책의 노래였어요. 하늘 위로 올라가서 달을 건드리고 오겠다는 내용이에요. 정말 가벼운 발걸음으로 여행을 떠나는 분위기의 노래였습니다. 아픈 둘째를 데리고 외출하기 힘들 때였는데 달나라로 떠나고 싶었는지도 모르지요. 어느 날 부터 제가 부르고 있더라고요. 제가 부르니 아이들도 같이 부르더라고요.

엄마표 영어가 학습이었다면 저는 절대 버티지 못했을 것입니다. 3천 시간을 체크하면서 할당량을 채우려고 듣기를 의무화 했다면 성공하지 못했을 것입니다. 어떤 날은 모자라기도 하고 어떤 날은 넘치기도 하면서 채워지는 것입니다.

'같이 듣기'를 했기 때문에 아이들과 저는 공감하고 서로 위로를 할 수 있었습니다. 제가 『UP, UP, UP』의 노래를 흥얼거리면 첫째가 책을 가져오고 같이 노래를 부르는 상황이 펼쳐지게 된 것이죠.

우리 집의 일상에서 음악은 빠지지 않는 도구였습니다. 처음 영어를 들려주면서부터 지금까지 노래를 듣지 않은 날이 없습니다. 음악은 어디서나 들을 수 있습니다. 차로 이동하면서도 노래를 들을 수 있고 산책을 하면서도 부를 수 있습니다. 이 방법은 학습이 아니라 소통이고 공감이기 때문에 언어로서 습득도 잘됩니다. 습득을 위해서 일부러 그런 것이 아닙니다. 자연스러운 방법이 좋은 결과를 가져왔습니다. 아무렇지 않게 부르던 노래가 내 머리에 새겨지고 그렇게 체득한 언어는 지워지지 않으니까요.

처음부터 10년 뒤를 목표했다면 시작도 못했을 것입니다. 아이들이 좋아할 만한 음악을 찾고 같이 듣기를 시작한다면 3천 시간의 두려움도 자연스럽게 사라지게 됩니다.

아이가 음악을 들을 때 같이해주세요. 하루의 힘들었던 피로를 아이와 함께 풀어내는 시간이 될 수 있습니다. 우리 아이와 함께라면 영어는 스트레스가 아니라 우리의 마음을 힐링시켜주는 마법의 도구가 됩니다.

4) 영어 음악이 아이를 춤추게 한다

사운드 북은 늦게 쥐어주자

아이들에게 영어 영상이나 음악, 음원들을 들려줄 때 가장 중요하게 생각했던 것은 자극의 정도입니다. 영어 듣기는 짧은 시간 안에 완성이 되지 않기 때문에 장기적으로 갈 수 있는 콘텐츠가 필요합니다. 처음부터 너무 강한 자극을 주면 나중에는 더 강한 자극을 원하게 됩니다.

청각 자극을 해줄 수 있는 여러 가지 도구 중, 가장 강한 음악이 사운드 북에 들어 있습니다. 사운드 북은 소리를 녹음해놓은 책인데요. 책의 내용이 나오기도 하고 혹은 버튼을 눌렀을 때 단어들을 말해주기도 합니다.

사운드 북을 처음부터 쥐어주지 마세요. 사운드 북에는 단순한 정보들만 담을 수 있다 보니 쉽다는 생각이 지배적입니다. 쉽기 때문에 어린 시기에 많이 가지고 놀게 되는데요. 사운드 북을 조심해야 하는 이유는 책의 내용이 아니라 소리 때문입니다.

사운드 북의 소리는 너무 쨍합니다. 귀가 따가운 느낌이 들 경우도 많아요. 이런 소리는 우리나라에서 만들어진 사운드 북이 더 강합니다. 멜로디가 기계음들이 들어가 있는 경우가 대부분이라 더 강한 자극을 받게 됩니다.

외국의 사운드 북 같은 경우에는 청력보호를 위해 데시벨이 일정 이상 나오지 않게 만들어지는데요. 우리나라도 이제는 청력 보호를 위해 데시벨을 제한하는 사운드 북들이 나오고 있습니다. 예전에 소리가 너무 커서 스피커 부분을 막은 적도 많아요. 사운드 북을 구매하실 때는 데시벨도 꼭 확인하세요.

길이가 있는 완전한 곡들을 먼저 들려주세요. 사운드 북은 조금 천천히 갖고 놀아도 좋습니다. 사운드 북에 들어가는 메모리의 양이 한정되어 있기 때문에 정보 전달만을 추구할 수 있습니다. 사운드 북은 흘려듣기를 할 때 필요한 도구가 아니라 학습을 할 때 도와주는 도구입니다. 단순한 단어의 나열이나 짧은 동요의 반복은 영어에 흥미를 잃게 할 수도 있습니다.

율동을 만들어보자

영상을 싫어하는 어머님들도 할 수 있는 방법입니다. 책과 음원으로 놀 수 있는데요. 영상의 신나는 음악보다는 정적이긴 하지만 아이들이 참여할 수 있습니다.

아이들과 함께 율동을 만들어보는 것인데요. 동화책의 그림은 내용을 직관적으로 설명해주지 않습니다. 그렇기 때문에 쉬운 내용이지만 처음 영어를 듣는 아이들에게는 어려울 수 있습니다. 이때 동화책의 문장들을 율동으로 만들어보면 이해가 더 쉽게 되고 재미도 있습니다.

『Ten Fat Sausages』라는 동화책이 있습니다. 말 그대로 10개의 통통한 소시지인데요. 팬에서 소시지를 익히고 하나씩 핫도그로 만들어 판다는 내용이에요. 10부터 0까지 숫자를 배울 수 있고 음악도 유쾌합니다. 같은 문장이 반복되기 때문에 숫자만 바꿔가면서 율동하기에 아주 좋습니다. Pop!이 나올 때 어떻게 터트릴지 아이들의 생각을 물어볼 수도 있고요.

책의 내용을 아이들과 이야기하고 노래를 들으면서 율동을 만들어보세요. 다양한 아이디어가 쏟아집니다. 그리고 그렇게 춤추면서 불렀던 노래는 내용까지 머리에 들어가겠지요?

　엄마표 영어는 학습을 하지 말자는 것이 아니라 거부감 없이 편안하게 접근하는 것입니다. 숫자 세기를 할 때 스펠링을 외우면서 학습하지 않습니다. 그럴 필요가 없기 때문이죠.

영상 보면서 신나게 춤추자

　조용한 우리 집 거실을 단숨에 미국으로 바꿔주는 것은 영어 영상입니다. 큰 화면으로 영상을 보면서 노는 것은 신나는 일입니다. 영어 학습 영상들은 따라 하기 쉽게 멜로디에 기본적인 내용들을 가사로 만든 것들이 대부분입니다. 알파벳, 숫자, 날짜, 색깔, 과일 등등 기본적으로 알아야 하는 내용들을 넣는데요. 직관적인 영상과 가사의 조화는 아이들이 영어를 쉽게 받아들일 수 있게 조합되어 있습니다. 내가 부르고 있는 내용이 화면에 그대로 나오기 때문에 뜻을 따로 알려줄 필요가 없습니다. 자연스럽게 습득을 하게 되지요.

　영상의 캐릭터들이 춤을 추고 있는 경우도 있습니다. 저희 집은 〈Badanamu〉시리즈를 많이 좋아했습니다. 동요 같지 않고 유행하는 팝 음악의 분위기를 띄고 있어요. 등장하는 캐릭터들이 노래를 부르면서 춤을 추는데 음악부터가 신이 나서 같이 춤을 추게 됩니다. 춤을 따라 하다 보면 노래를 같이 부르게 되고 영어 문장들을 외우게 됩니다.

여자 친구들이 좋아할 느낌인데요. 이 생각도 엄마의 편견이었습니다. 아직도 놀 때 〈Badanamu〉의 노래를 부르니까요. 콕 집어 영상을 찾기도 했습니다. 책을 고를 때와 마찬가지로 영상에서도 남녀의 구분은 무의미합니다. 아이들이 무엇을 좋아할지 짐작하지 마시고 많은 채널들을 수집해두세요. 어느 채널에서 아이가 반응을 보일지 모릅니다.

〈Have Fun Teaching〉도 추천합니다. 이 채널은 랩적인 요소가 가미되었어요. 알파벳, 사이트 워드, 숫자 세기 등 기초 영어에 대한 영상인데요. 캐릭터들이 단순하고 춤을 추진 않습니다. 영상에 글자만 나오는 경우가 대부분입니다. 배경의 음악 자체가 리듬이 있어서 춤을 추기가 아주 좋답니다. 라임에 맞춰 가사가 만들어졌기 때문에 따라 부르기도 좋습니다. 알파벳 송을 랩으로 부르면서 춤을 추게 되실 겁니다.

〈Super Simple Song〉, 〈Kids TV 123〉, 〈Cocomelon〉은 처음 영상을 보여줄 때 추천합니다. 저희 아이들도 이 채널들을 먼저 보여주기 시작했어요. 노래가 빠르지 않고 멜로디가 부드럽기 때문에 자극이 덜합니다. 유치원, 어린이집에서 듣는 동요의 분위기와 비슷합니다.

역시나 신이 나서 엉덩이를 움직이다 보면 노래는 자연스레 입에서 나오게 됩니다.

엄마가 반응하지 않으면 아이도 재미를 붙이기 어렵습니다. 영상을 가만히 앉아서 보지 말고 같이 몸을 움직이세요. 큰 화면이라고 해도 몰입하게 되면 나중에 빠져 나오는 것이 힘듭니다. 아이가 춤을 출 때 박수만 치지 말고 같이 춤을 추세요. 음악을 듣고 춤을 추는 것은 영어 몰입을 위한 것이기 보다는 가볍게 흘려듣는 방법입니다. 자연스러운 노출을 통해 영어에 익숙해지게 만드는 것입니다. 듣다가 다른 곳에 가더라도 잡지 않으셔도 됩니다. 소리는 계속 귀로 들어가고 있으니까요.

처음 영상을 볼 때부터 시간 조절을 해주세요. 아이들은 시간적 개념이 덜 발달되었기 때문에 무한정으로 보려고 합니다. 영상 시청 시간을 조절할 수 있는 힘도 길러주세요.

5) 동화책은 최고의 영어 도서관이다

우리 집 미술관 만들기

둘째가 어릴 때, 아토피를 앓아서 2시간 이상 외출이 힘들었습니다. 나갔다가도 가려움이 심해지면 집으로 돌아와야 했고요. 그림을 좋아했던 저는 아이들에게도 많은 것을 보여주고 싶었습니다. 미술관은 우리에게 멀기만 했습니다. 직접경험이 힘드니 간접경험이라도 해줘야겠다 싶었습니다. 동화책으로 미술관을 대신했습니다.

동화책들의 일러스트는 사람에게 감동을 줍니다. 지금은 우리나라도 유명한 일러스트레이터 분들도 많으시고 동화책의 내용들도 정말 많이 좋아졌습니다. 10년 전만 하더라도 우리나라의 동화책은 아이의 정서를 채운다기 보다는 교훈과 가르침이 많았습니다. 글의 내용에 집중하다 보니 그림은 배경일 뿐이었지요. 저는 따뜻한 그림들을 보여주고 싶었습니다.

영어 동화책은 달랐습니다. 100년 전의 그림책들도 어린이들을 생각하고 있더라고요. 글을 읽는 대상에게 무엇도 가르치려고 하지 않았습니다. 책 속의 캐릭터를 보면서 공감을 하고 위로를 받습니다. 동화책들을 보면서 정말 그들의 나라가 부러울 정도였습니다.

미술이 가진 치료효과를 동화책도 똑같이 가지고 있습니다. 저희 집에서도 앤서니 브라운은 인기 최고였는데요. 특히 윌리는 저희 첫째와 너무 닮은 캐릭터였습니다. 소심하고 겁이 많은 캐릭터인데요. 그림만 봐도 윌리의 마음이 다 보였습니다. 내향적인 성격을 고쳐야 한다는 내용이 나오는 것이 아니라 상황이 닥칠 때마다 자기 자신이 할 수 있는 일을 하면서 역경을 헤쳐 나갑니다.

앤서니 브라운의 그림 속에 숨어 있는 비밀들을 찾고 같이 이야기 나누면서 첫째가 받았던 상처가 치료가 되기도 했는데요. 유치원에서 제가 만들어준 아토피 밤을 바르다 냄새로 놀림을 받고 힘들어할 때도 윌리에게 위로를 받았습니다. 힘센 고릴라들에게 위협을 받고 걱정만 하다가 우연이지만 통쾌하게 복수를 해주거든요.

아이들이 선택하는 책의 그림을 유심히 살펴주세요. 아이의 마음을 대변하는 캐릭터가 분명 있습니다. 미술관을 찾아갈 수도 있지만 우리 집을 미술관으로 만드는 것이 더 좋을 수도 있습니다. 한 번 보고 잊어버리는 것이 아니라 두고두고 내 마음을 달래주는 친구를 만들 수도 있기 때문입니다.

우리 집 영어 도서관 만들기

동화책으로 영어를 시작하고 집에는 영어 동화책들이 늘어나기 시작했습니다. 한글 동화책은 도서관에서 대출을 해서 읽었는데 영어책들은 너무 적었습니다. 그림이 좋은 동화책은 두세 번 찾으니 구매를 해야 하기도 했고요. 그렇게 거실 책장이 영어책들로 채워지기 시작했습니다.

도서관에 가면 수많은 책들이 종류별로 구분되어 있습니다. 세상의 모든 지식이 도서관에 모여 있지요. 동화책이 아이들이 보는 책이라고 지식적으로 부족할 거라고 생각하시면 안 됩니다. 동화책은 아이들이 봐야 할 책의 1단계입니다. 세상을 살면서 배워야 하는 가장 기본이 동화책에 들어 있습니다. 당연히 영어 동화책에는 영어를 배울 때 필요한 가장 기본의 지식들로 채워져 있습니다. 단순히 지식을 알려줘서 그런 것이 아닙니다. 지식을 비롯해 감성을 채울 수 있습니다. 책 한 권, 한 권 마다 우주가 담겨 있는 것입니다.

 언어를 배울 때 책을 대신할 수 있는 것은 없습니다. 어린이가 보는 동화책은 부모의 모국어를 배우기 위한 가장 기본의 도구라고 할 수 있습니다. 영어를 배울 때도 마찬가지가 되겠지요. 우리가 미국의 도서관을 직접 방문할 수는 없지만 똑같은 동화책을 가져와 볼 수는 있습니다. 게다가 거실에 아이들이 손이 닿는 곳마다 동화책이 있다면 언어를 배우기에 더 좋은 환경은 없을 것입니다.

 아이들이 처음 만나는 영어 동화책은 단행본의 형태가 많습니다. 우리나라의 양장본 동화책과는 다르게 페이퍼 북이 대부분입니다. 얇은 동화책들을 책꽂이에 세로로 꽂으면 빽빽하게 들어가 어디에 무엇이 꽂혀 있는지 모를 때도 종종 있습니다. 사실 모르는 것은 엄마일 뿐이지 아이들은 자기가 보고 싶은 책을 잘 찾아냅니다. 책을 정리할 때 레벨별로 구분하기도 하고 작가별로 구분하기도 했습니다. 첫째는 음식 책만 그렇게 모아서 한 곳에 두곤 했어요. 우리 집 도서관이니 우리 마음이었습니다. 책의 구분을 내 마음대로 할 수 있는 것도 색다른 재미입니다.

 아이들이 읽고 싶을 때 원하는 책을 찾을 수 있다는 것이 우리 집 영어도서관의 가장 큰 장점입니다. 도서관을 만들려면 비용이 많이 들 것이라는 걱정이 듭니다. 모든 책을 한 번에 구매하지 않으니 괜찮습니다. 저도 조금씩 모았으니까요.

 책을 저렴하게 구할 수 있는 방법은 많습니다. 〈동방북스〉와 〈북메카

〉는 창고 개방 세일을 비정기적으로 합니다. 코로나 전에는 행사장으로 달려갔었는데 이제는 온라인으로도 행사를 합니다. 〈웬디북〉은 온라인에서 행사를 종종 엽니다. 행사 오픈 시간에는 접속이 힘들기도 합니다. 도서 판매 웹사이트에서 B급 도서는 항상 할인이 된 가격으로 구매할 수 있다는 것도 알아두세요. 오프라인 중고 서점으로는 〈알라딘 중고서점〉과 천안에 〈에보니북스〉가 있는데요. 책을 사랑하시는 분이라면 꼭 한번 가보시라고 추천하는 곳입니다.

동화책에 빠져야 영어가 된다

첫째가 7살이었을 때 남편이 저에게 한 말이 기억이 납니다.

"책을 왜 그렇게 샀는지 이제야 알겠어."

남편은 동화책을 읽고 자란 사람이 아닙니다. 제가 왜 그렇게 책을 사는지 이해가 안 됐다고 하더라고요. 자신은 공부를 해도 영어가 힘들었는데 아들이 아무렇지 않게 영어로 책을 읽고 말을 하니 놀랐던 것입니다. 그동안 물어보지 않고 기다려줘서 고맙다고 해줬습니다. 책 사는 것을 반대하는 아빠들도 많거든요.

외국어를 배울 때 동화책은 최고의 영어 도서관입니다. 도서관에서 언을 수 있는 모든 지식은 동화책에 다 들어 있습니다. 아이와 즐겁게 보기만 하면 됩니다.

6) 영어 동화책, 엄마의 목소리로 직접 읽어주라

영어책을 듣고, 춤추고, 노래 부르기는 익숙해질 즈음, 첫째가 좋아하는 책을 들고 저에게 옵니다. 그때마다 저는 겁을 먹었습니다. 좋지 않은 발음으로 읽어주는 것이 아이에게 해가 될지도 모른다는 걱정 때문이지요.

그런 생각은 당연히 할 필요가 없습니다. 한글 동화책을 읽어주면서 어떤 엄마도 우리말 발음을 걱정하지 않습니다. 엄마의 말 습관을 배우기는 하지만 우리말을 할 때 엄마와 똑같이 말하는 아이는 발음하지는 않지요.

영어 동화책도 마찬가지입니다. 아이는 지금 글자를 배우려고 엄마보고 읽어달라는 것이 아닙니다. 재미있는 동화책을 엄마와 함께 보고 싶은 것일 뿐이죠. 아이에게는 엄마와 함께하는 그 순간이 중요한 것입니다. 아이는 보통 자기가 좋아하는 책을 엄마에게 들고 옵니다. 내용도 이미 다 알고 어느 페이지에 어떤 그림들이 있는지도 기억하고 있습니다.

다 아는 내용을 왜 보고 싶은 것일까요? 저희 첫째의 경우에는 안정감 때문이었던 것 같습니다. 내용의 전개를 이미 알고 있기 때문에 마음이 편한 것이죠. 아픈 동생 때문에 투정도 못 부렸던 첫째가 마음을 표현하는 방법이기도 했어요. 동화책을 읽어줄 때는 오롯이 엄마와 함께 있을 수 있으니까요. 이것은 단지 우리의 이야기가 아닐 것입니다. 외동이든, 다둥이든 아이들은 매 순간 엄마를 원하니까요.

동화책을 읽어줄 때 1인 공연을 하듯 읽어주었습니다. 캐릭터들 마다 톤을 다르게 하고 분위기에 따라 목소리를 바꿔주면서요. 부족한 발음을 연기로 숨기려는 것도 있었지만 이렇게 과장되게 읽어준 이유는 재미 때문이었습니다. 같은 책을 반복해서 읽어줄 때도 다 다르게 연기를 했답니다. '한때, 내가 너무 재미있게 읽어줘서 나만 찾나?'라는 우스운 상상도 했습니다. 재미는 영어를 지속하게 해주는 가장 큰 이유입니다. 재미가 없으면 영어 동화책 뿐 아니라 한글 동화책도 읽지 않을 테니까요.

동화책을 읽으면 옆에 첫째와 둘째가 와서 딱 붙어 앉습니다. 말 그대로 껌딱지 합체 상태가 되어 책을 읽기 시작합니다. 페이지를 자기가 넘기겠다고 우기기도 하고 그림들을 보면서 자기가 설명하기도 합니다. 어릴 때는 집중력이 쉽게 흐트러지는데 동화책을 읽을 때만큼은 가만히 앉아 들었답니다.

집안일을 끝내고, 혹은 일터에서 돌아와 녹초가 되었을 때 아이가 책을 들고 오면 한숨이 나기도 할 거예요. 저도 그랬거든요. 엄마인 나는 몸이 천근만근 힘든데 아이는 해맑게 웃으면서 책을 읽어달라고 할 때 짜증이 나기도 했어요. 이럴 때 꾹 참고 읽어주어야 합니다. 읽고 나면 아이에게 고마워하게 됩니다. 같이 책을 읽으면서 엄마가 위로를 받으니까요.

영유아 시기의 아이가 엄마에게 책을 들고 오는 것은 단순 글자를 익히고 싶다는 뜻이 아닙니다. 지금 엄마가 필요하다는 신호를 보내는 것이죠. 누구도 할 수 없는 공감을 해주세요.

아이에게 새로운 세상을 매일 열어주세요. 책을 읽어주는 것은 선택이 아니라 의무입니다. 이만큼 아이들을 편안하게 자라게 할 수 있는 방법은 따로 없습니다. 지식을 배우든 언어를 배우든 편한 마음이 가장 기본이 되어야 합니다. 껌처럼 붙어서 책을 읽어 주었기 때문에 엄마표 영어를 지속할 수 있었어요.

동화책 읽어줄 때 이렇게 해보자

동화책은 내용만 보는 책이 아닙니다. 앞표지의 그림 읽기로 시작해보세요. 동화책의 제목을 읽고 배경의 그림들을 살펴봅니다. 책을 읽기 전 그림들을 보면서 어떤 내용일지 상상을 하게 해주세요. 동화책의 제목은 전체 내용의 분위기를 담고 있기 때문에 글씨체에서도 이야기할 거리들이 아주 많습니다.

영어 동화책이라고 질문을 영어로 할 필요는 없습니다. 자연스럽게 대화로 이끌어주세요. 가장 쉬운 방법은 질문하기입니다. 캐릭터들이나 배경들을 짚어가면서 아이에게 물어보세요. 이 방법은 이야기의 3가지 요소인 인물, 사건, 배경을 파악하게 하는 연습입니다. 다 읽고 나면 우리가 했던 상상이 맞는지 틀린지 알게 됩니다. 맞고 틀린 것은 중요하지 않지요. 어떤 결과여도 이야깃거리는 더 풍부해집니다.

본문 내용을 보기 전에도 아기자기한 그림들이 들어 있는 책들이 있어요. 동화책에는 작가의 생각을 표현해줄 다양한 기법이 들어가 있습니다. 아이들과 보물 찾듯 작가의 메시지를 찾아주세요.

본문을 볼 때는 아이가 글자에 집중하지 않는다고 속상해하지 마세요. 그림을 찾으면 그림을 따라가면 됩니다. 어차피 글자는 나중에 보면 됩니다. 지금은 책과 친해지는 것이 우선이라는 것 잊지 마세요. 어느 날은 책의 내용과 동떨어지게 이야기가 흘러가기도 합니다. 다 괜찮습니다.

본문을 다 읽었다면 덮지 마시고 마지막 뒤표지를 보게 해주세요. 동화책 중에는 앞표지와 뒤표지를 이어서 한 장의 그림을 넣은 책도 있고요. 앞표지가 이야기의 시작이라면 뒤표지가 이야기의 마무리인 책도 있습니다. 주인공의 미래를 보여주기도 해요. 동화책은 말 그대로 상상할 수 있는 책입니다. 글자를 배우기 위해 책을 보는 것이 절대 아닙니다.

읽고 나서는 무엇인가 무리하게 하려고 하지 마세요. 독후 활동은 아이가 원하는 대로 하게 둡니다. 아무것도 하지 않는다고 해서 걱정하지 마세요. 아이의 감정을 억지로 물어볼 필요가 없습니다. 내용을 다 파악했는지 확인하고 체크하는 것은 엄마의 욕심입니다. 이미 책을 읽는 과정에서 아이는 아이의 감정을 다 표현한 상황인데 자꾸 물어보면 대답을 하지 않게 됩니다. 질문에 대답하기 싫어서 책을 들고 오지 않을 수도 있어요.

동화책을 '읽어준다.'라고 표현하지만 한 방향으로 소리만 채워주는 것이 아닙니다. 엄마와 아이의 상호 소통을 통해 아이의 마음을 채워주는 것이 동화책을 읽어주는 이유입니다.

저는 정말 지겹게 읽어주었습니다. 지금 다시 하라면 못하겠다는 말이 나올 정도로요. 충분히 스스로 읽을 수 있는 책도 들고 올 때면 다 그만두고 싶을 정도였습니다.

아이들이 엄마에게 읽어달라고 하는 것은 감정의 이유도 있지만 이해를 위한 것도 있습니다. 아직 인지능력이 충분히 발달하지 못한 초등 저학년까지는 엄마의 목소리를 통해서 귀로 듣는 것이 이해가 더 잘된다고 합니다. 혼자 읽었을 때 아리송한 내용이 엄마가 읽어주면 이해가 잘 되는 것이지요.

이 이론을 알게 된 이후로 저는 읽어주는 것에 투정을 부리지 않기로 했습니다. 가끔은 그래도 힘들었지만요. 엄마도 사람이고 에너지가 한정되어 있으니까요. 그렇지만 왜 자꾸 읽기 독립을 하지 않는지에 대한 걱정은 사라졌습니다. 빨리 혼자 읽는 것이 좋은 것만은 아니니까요.

엄마 품에서 지겨울 정도로 듣게 되면 자연스레 독립의 시기는 찾아옵니다. 단박에 분리되지는 않습니다. 엄마가 읽어주는 책과 스스로 읽는 책의 비율이 점점 변하게 되는 것이죠. 이제는 더 이상 책을 읽어달라고 하지 않습니다. 열 살이 된 둘째도 혼자 책을 읽습니다.

이제는 아이가 저에게 읽기를 해주는 모양새가 되었습니다. 책을 읽다가 엄마에게 달려와서 내용을 이야기합니다. 질문도 쏟아내고요. 그럴 때 저는 몇 년 전의 저로 돌아가 한참을 아이와 이야기합니다. 충분히 할 말을 하고 나면 다시 돌아가 책을 마저 봅니다.

어차피 크면 혼자 읽습니다. 혼자 읽기까지 훈련을 엄마와 하는 것이에요. 아이가 책을 스스로 읽길 바란다면 동화책을 읽어주는 것부터 시작해보세요. 엄마의 목소리로 읽어주었던 그 방법대로 아이의 책 읽기 능력이 자라게 될 것입니다.

7) 스마트 기기를 적극 활용하라

　엄마의 울트라 슈퍼 파워도 방전이 되는 날이 있습니다. 아이를 키우다 보면 견뎌내야 할 것들이 차고 넘치지요. 노래도 안 나오고, 춤을 출기운도 없고, 책은 쳐다보기도 싫은 때가 있습니다. 그런 날은 엄마도 쉬어야죠. 스스로를 너무 몰아세우지 마세요. 엄마표 영어는 엄마 또한 즐거워야 지속 가능합니다.

　엄마의 수고를 덜어주는 기기들이 있습니다. 똑똑한 도우미들입니다. 엄마의 순수한 노력이 아날로그식 방법이라고 한다면 이 기계들은 스마트 기기라고 할 수 있지요. 저희 집에서 엄마표 영어를 도와주었던 조교들을 소개해드릴게요.

① TV

요즘은 통신회사마다 어린이 영어 프로그램을 무료로 많이 볼 수 있게 해두었지요. 이 채널의 장점은 레벨 별로 영상과 동화책들이 구분이 되어 있다는 점이에요. 초보 엄마여도 단계에 맞춰 따라가면 되게끔 프로그래밍이 되어 있습니다. 당연히 유료 결제를 해야 하는 것들도 있지만 무료만으로도 충분합니다.

영어 영상을 볼 때 최대한 큰 화면으로 보여주세요. 콘텐츠 선택을 할 때 엄마의 역할이 정말 중요합니다. 영상 중독이 일어나는 이유는 어린 나이부터 리모컨을 쥐고 자기 마음대로 하게 해서 그렇습니다. 아이에게 TV의 주도권을 넘겨주지 마세요. 조절만 잘한다면 아무런 문제가 생기지 않아요. 욕구 조절 능력은 비단 영상 뿐 아니라 아이의 모든 면에서 훈련되어야 합니다.

② 음원입력이 가능한 스마트 펜

대표적으로 세이펜이 있죠. 저희 집에는 씽씽펜도 있고 마마펜도 있었습니다. 펜들의 원리는 똑같습니다. 펜에 음원을 입력하고 특수한 잉크로 인쇄된 책의 일정 부분을 누르게 되면 입력되어 있던 소리가 나오는 것입니다. 저희 집에 있던 펜은 가장 초창기 모델인 연필 모양 펜이었는데요. 둘째가 크고 나서 똑같은 것을 하나 더 구입하고 몇 년을 더 썼어요.

아이들이 혼자 놀기에 너무 좋습니다. 내가 원하는 부분을 찍으면 소리가 나오니 호기심 충족에도 좋습니다. 동화책에는 보이지 않지만 세이펜으로 눌렀을 때 숨겨져 있던 노래가 나오거나 멘트가 나오는 책들도 있어요. 정성스럽게 음원 작업을 해주시는 분들께 감사할 정도였답니다.

특히 영어 동화책을 볼 때 세이펜은 정말 고마운 조수입니다. 엄마를 부르지 않고도 궁금한 점을 해결할 수 있습니다. 영상을 보는 것이 아니라 책을 보면서 활용하는 도구이기 때문에 엄마가 쥐어주기가 마음이 편하지요. 우리 집에서 춤을 출 때는 세이펜이 CD보다 더 많이 사용되었답니다. 누르기만 하면 노래가 나오니까요.

③ DVD 플레이어

영어 영상을 보는 방법에는 DVD를 활용하는 방법도 있습니다. 저희 아이들이 특히나 좋아했던 〈Leap Frog〉 DVD가 있는데요. 유튜브를 활용하기 전에 정말 많이 봤습니다. 알파벳, 기초 파닉스, 숫자의 기초 등

등을 배울 수 있는데 주인공이 개구리예요. 이런 귀한 영상을 보기 위해 DVD플레이어가 필요합니다. 가장 유명한 것이 인비오의 제품인데요. TV와 연결해서 DVD를 볼 수도 있고 CD만 재생할 수도 있습니다.

DVD로만 판매되는 영상들이 있어요. 제가 오히려 더 좋아했던 〈Between the Lions〉, 첫째가 좋아했던 〈Cat in the Hat〉, 둘째가 좋아했던 〈Word World〉 등이 아직도 저희 집 거실 수납장에 들어 있답니다.

아이들이 직접 보고 싶은 것을 골라오면 다 같이 소파에 앉아서 영상을 봤어요. 그때 봤던 영상들의 노래는 아직도 기억한답니다.

④ 휴대용 DVD 플레이어

지금은 아이패드를 들고 다니지만 어릴 때는 휴대용 DVD플레이어를 사용했답니다. 장시간 기다려야 하는 일이 있을 때 영상 보기에 유용합니다. 캠핑 가서 영화 볼 때도 유용하게 사용했습니다. 화면이 작은 편이라 꼭 필요할 때만 활용했습니다. 이름은 휴대용이지만 DVD까지 챙기면 짐이 한가득 찹니다. 그래도 꼭 필요할 때가 있더라고요.

⑤ 아이패드와 무선 헤드셋

DVD 플레이어는 이어폰을 쓸 수는 있었지만 블루투스 기능은 없어요.

조용해야 하는 장소에서 사용이 힘들었지요. 그럴 때는 아이패드와 무선 헤드셋을 활용합니다. 정기적으로 병원 진료를 받으러 다닐 때 지루함을 달래주는 고마운 도구입니다. 무선 헤드셋은 두 개를 연결할 수도 있으니 싸울 일이 없지요. 어린이용 무선 헤드셋은 데시벨이 제한되어 있어 청각보호에도 좋습니다. 요즘 영상 제공 사이트들은 저장을 할 수 있어서 인터넷이 연결되지 않아도 충분히 영상을 볼 수 있답니다.

⑥ 〈Kids time story time〉

〈Kids time story time〉은 스마트 기기가 아니라 유튜브 채널인데요. 너무 좋은 곳이라 추천합니다. 바로 앞 내용에서 말했지만 저는 정말 열심히 연기하면서 동화를 읽어줬다고 자부하는 사람입니다. 이런 제가 단숨에 꼬리를 내린 채널이에요. 동화책을 읽어주는 채널인데요. 여자분 한 분만 나오는데 같이 등장하는 캐릭터들의 목소리까지 다 연기를 하십니다. 진짜 재미있게 인형극을 하는 분이세요. 동화책의 종류도 정말 많아서 목이 아픈 날 SOS를 보내는 채널입니다.

엄마표 영어는 긴 시간 아이와 함께 진행해야 하기 때문에 엄마도 아이도 지치면 안 됩니다. 엄마의 노력만으로 그 시간을 다 채우기는 힘들어요. 스마트기기가 아이들에게 좋지 않다는 연구 결과도 많고 중독의

위험이 있다는 것도 압니다. 어떤 일이든 양면성이 있다고 생각합니다. 우리 아이에게 맞춰 활용하면 되는 것이죠. 이 스마트 기기들이 없었다면 저의 엄마표 영어는 진작 끝이 났을 것입니다. 명확한 기준을 세우고 내가 주인이 되어 스마트한 기기를 활용해보세요.

8) 체득한 영어는 뇌가 기억한다

암기와 체득의 차이

저희 아이들은 이제껏 영어 단어를 외운 적이 없습니다. 그런데도 영어책을 읽거나 글을 쓰고 말하는 데 어려움이 없습니다. 엄마들에게 암기를 하지 않는다고 하면 말이 안 된다는 눈빛으로 저를 쳐다봅니다. 어휘들이 충분히 익숙해지기 전에 억지로 집어넣으려고 한다면 암기를 해야겠지요. 그런 상황을 만들지 않으면 일정 수준 이상이 되기 전까지는 암기할 필요가 없습니다.

단어 암기 자체는 언어 공부를 할 때 반드시 필요한 학습 방법입니다. 영어를 늦게 시작한 학생들의 경우가 그렇겠죠. 혹은 특수한 시험의 고득점을 받기 위해, 혹은 전문 분야의 공부를 하는 경우에도 필요합니다.. 그럴 때가 아니라면 어휘의 암기는 굉장히 비효율적인 방법이 됩니다.

우리가 시도하는 엄마표 영어는 암기가 아닌 체득을 위한 작업입니다. '사과'를 힘들게 외우는 아이는 없습니다. 보통의 아이들이라면 엄마와 사과를 먹으면서 여러 번 듣다 보면 자연스럽게 '사과'라는 단어를 말하게 됩니다. 나중에 한글을 배우고 나면 글자도 읽고 쓰기도 가능해집니다. 다섯 살짜리를 앉혀놓고 '사과'라는 글자를 외우게 시키는 엄마는 없습니다.

영어 단어도 같은 맥락에서 생각해야 합니다. 'apple'이 과연 외워야 하는 단어일까요? 영어를 시작하는 아이가 'apple'의 스펠링을 알아야 할까요? 소리를 듣고 엄마와 사과를 먹으면서 단어를 익히고 동화책에서 사과를 또 만나면서 전혀 거리낌 없이 'apple'은 아이의 뇌 속에 들어가겠지요. 이렇게 익힌 단어는 절대 잊어버리지 않습니다.

영국 BBC방송국의 어린이 채널 〈CBeebies〉에는 〈Alphablocks〉, 〈NumberBlocks〉라는 프로그램이 있습니다. 〈Alphablocks〉에서는 알파벳 블록들이 나와서 자기의 음가를 말하면서 다닙니다. 그러다가 다른 단어와 만나면 새로운 소리를 만들어내죠. 이 영상을 계속 반복해서 보다 보면 알파벳 음가와 파닉스의 원리가 입에 붙게 됩니다.

〈NumberBlocks〉에서는 숫자 블록들이 돌아다니면서 합쳐지고 분해되면서 수의 크기부터 사칙연산의 원리까지 설명을 해줍니다. 영상 속 숫자 블록들의 모양만 봐도 이해가 되게끔 구성이 되어 있습니다.

영어의 종주국인 영국에서 이 캐릭터들을 왜 만들었을까요? 영어가 암기만으로 완성이 되는 언어라면 굳이 영상을 만들 필요가 없겠지요. 어릴 때 배울 필요 없이 커서 외우기만 하면 영어가 될 테니까요.

굳이 긴 시간을 투자하면서 어휘를 쌓아가는 데는 이유가 있습니다. 단기 기억이 장기 기억으로 저장되려면 반복이 필요합니다. 반복은 정말 지루합니다. 잊어버리지 않기 위해서 매일 암기를 한다고 생각해보세요. 그런 방법으로는 절대로 영어를 나의 언어로 만들 수가 없어요. 다양한 매체로 반복을 시키면서 체득시키는 것이 오래 갈 수 있는 방법입니다.

처음 시작부터 학습으로 접근하지 마세요. 책을 읽어주고, 노래를 같이 부르고, 영상을 활용하세요. 내 아이의 주변을 하루 3시간 영어로 채워주는 노력을 하세요. 엄마의 수고가 의미 없는 암기에서 아이를 해방시켜줍니다.

체득으로 키우는 추론 능력

글씨가 빼곡한 챕터북을 읽을 때, 모르는 단어가 나올 때마다 찾아본다면 책을 읽는 흐름이 끊겨 재미가 반감될 수 있습니다. 이럴 때 전반적인 내용을 이해하기 위해서는 모르는 단어나 문장을 책 속에서 추측해내는 능력이 필요한데 이것을 추론이라고 합니다. 나의 수준보다 살짝 높은 책을 읽을 때 추론 능력이 있다면 자연스럽게 새로운 어휘를 배우며 읽어나갈 수 있습니다.

첫째가 책을 읽을 때도 마찬가지입니다. 저는 첫째에게 추론의 방법을 딱히 알려준 적이 없습니다. 그런데도 스스로 새로운 단어들을 습득하며 책을 읽습니다. 이런 상황이 가능한 이유는 추론의 방법마저 엄마표 영어를 진행하며 체득했기 때문입니다.

단어의 쓰임을 배우는 과정에서 반복은 반드시 필요합니다. 같은 책을 여러 번 읽는 것만이 반복이 아닙니다. '태양계'가 주제라면 유튜브에서 'Solor System'을 검색해서 수준에 맞는 영상을 보거나 노래로 배울 수도 있고요. 보드북, 동화책을 통해서도 배울 수 있습니다.

이 방법은 어휘 습득을 넘어 추론에도 큰 영향을 미칩니다. 같은 주제의 다른 콘텐츠를 보면서 내용을 짐작하게 되지요. 즉 책에서 나오지 않았던 새로운 단어가 영상에서 나왔을 때 뜻을 추론해볼 수 있는 것입니다.

이렇게 다양한 방법으로 반복한 내용은 잊지 않습니다. 자연스럽게 추론 능력도 키워지고요. 엄마표 영어는 아이에게 강요하지 않는 것이 핵심입니다. 배경을 만들어주고 그 안으로 들어가게 합니다. 그 안에서 아이는 스스럼없이 놀면서 배우게 되죠. 그것들을 자연스럽게 기억하게 됩니다. 그게 바로 체득입니다.

체득한 영어는 뇌가 기억한다

아이의 영어는 살아 있어야 합니다. 새로운 지식을 받아들이는 데 거리낌이 없어야 합니다. 내가 가진 지식을 밖으로 꺼낼 줄도 알아야 합니다. 이런 영어를 만들려면 엄마표 영어를 해야 합니다. 단순히 아이가 편하게 영어를 배우자고 하는 것이 아닙니다. 체득을 위해서입니다.

사람의 뇌는 정말 게으릅니다. 단순 암기를 한 내용은 다음 날이 되면 80%를 잊어버린다고 하지요. 뇌를 움직여 기억을 하게 하려면 다양한 자극을 줘야 합니다. 학습으로 지루하게 진행하는 것이 아니라 즐겁고 신나게 해야 하는 것입니다. 반복을 통해 체득을 하고 그 과정 속에서 추론 능력이 자라게 됩니다. 결국 엄마표 영어를 하는 목적이 여기 있습니다. 돈 주고도 사지 못할 추론 능력을 키우기 위해서입니다.

추론까지 했던 뇌는 그 정보를 잊어버리지 않습니다. 장기기억으로 넘어가서 평생 저장이 됩니다. 이런 기억들이 계속 쌓이면서 발전한 영어는 아이의 진정한 언어가 될 수 있습니다.

3장

LEVEL 2 따라 읽기

기 본 기 를 다 져 라

1) 우리 아이, 언제부터 영어로 읽어야 할까?

엄마표 영어를 진행할 때 가장 좋은 점은 아이의 성장하는 모습을 지켜볼 수 있다는 점입니다. 어느 날 갑자기 새로운 단어를 말하기도 하고 알려주지 않았는데 스케치북에 알파벳을 그리기도 합니다. 엄마는 이런 모습을 보면서 문자를 가르칠 때가 되었는지 고민하게 됩니다. 문자를 인지시킨다는 것은 학습이 시작된다는 것이니까요.

아이는 과연 공부가 하고 싶어서 엄마에게 이런 모습을 보이는 것일까요? 새로운 세상을 알게 된 것에 대한 기쁨을 표현하는 방법일 뿐입니다. 엄마와 그 기쁨을 나누고 싶은 것이죠. 이것을 학습의 시기라고 착각하면 안 됩니다.

아이의 영어 정서를 망치지 않으려면 가르치는 데 있어서 신중해야 합니다. 지금까지 즐겁게 진행했던 영어가 하루아침에 싫어질 수가 있습니다. 그렇지만 지적 호기심을 그냥 방치해둘 수도 없어요. 언제부터 문자를 알려줘야 될까요? 엄마표 영어를 시작하고 최소 1년은 듣는 시간을 채워야 합니다. 노래를 듣고, 엄마가 읽어주는 책의 내용을 듣고, 영상을 보면서 소리를 듣습니다. 하루 3시간 씩 1년을 진행했을 때 1천 시간이 차게 됩니다. 1천 시간이 넘어설 때 새로운 영역을 시작해야 됩니다. 이것은 최소한의 시간입니다. 절대 급하게 진행하지 마세요. 시간이 쌓일수록 더 쉽게 다음 단계로 넘어갈 수 있습니다.

듣기를 일찍 시작한 첫째도 읽기를 시작하기 까지는 4년 넘는 시간이 걸렸어요. 돌 무렵부터 듣기를 시작했기 때문에 시간이 더 오래 걸린 것도 있습니다. 가장 큰 이유는 아이가 원하지 않았다는 점입니다.

아이들이 성향은 너무 다릅니다. 우리 아이가 보내는 신호를 놓치지 마세요. 단순히 알파벳을 읽었다고 해서 때가 된 것은 아닙니다. 지속적인 질문을 넘어서서 혼자 단어의 소리를 알아내려고 하는 모습이 보일 때 '읽기'를 시작해주세요.

둘째에게는 영어에 대해 가르치려고 한 적이 없습니다. 제가 첫째의 영어를 챙기다가 뒤돌아보면 둘째는 알아서 쫓아오고 있었습니다. 첫째에게 공을 들였던 것과 달리 둘째는 왜 더 쉽게 영어를 했는지 생각해봤습니다.

첫 번째로 둘째의 영어 노출 시간이 더 길었습니다. 첫째가 영어는 일찍 시작했지만 어린이집을 다니게 되면서 자연스레 노출 시간이 줄어들었지요. 아픈 둘째와 함께 돌볼 수가 없어서 일찍부터 어린이집을 갔거든요. 둘째는 유치원을 갈 수 있을지 걱정할 정도의 아이였고, 저와 집에서 생활하는 시간이 훨씬 많았습니다. 듣기 능력은 노출된 총 시간의 양이 굉장히 중요합니다. 차고 넘치게 들어야 다음 단계로 넘어갈 수 있습니다.

두 번째는 영어에 대한 애정입니다. 둘째는 활자를 좋아하는 편은 아니었는데 자기가 좋아하는 캐릭터가 나오는 책은 수도 없이 반복해서 봤습니다. 영어를 사랑한다고 표현하는 게 딱 맞습니다. 아이들이 장난감에 애정을 가질 때 둘째는 그 대상이 영어였습니다. 첫째도 영어를 좋아했지만 둘째만큼은 아니었어요. 어떤 대상을 좋아하게 만드는 것은 엄마의 노력으로 되는 것은 아니기 때문에 차이를 인정하고 다른 접근 방식을 찾아야 했어요.

세 번째는 영상 노출입니다. 사실 둘째의 영상 노출은 과했습니다. 가려움으로 가득한 밤이 지나고 첫째를 유치원에 보내면 저와 둘째는 지친 상태로 거실에 누워 지내는 일이 많았습니다. 동화책을 읽어줄 기운도 없는 상태였지요. 그 상황에 저는 영상을 보여줄 수밖에 없었습니다. 한글 애니메이션은 보여주기 싫어서 영어를 보여주기 시작했습니다. 그 당시에는 〈CBeebies〉 채널이 광고도 없고 자막도 없었습니다. 영유아를 위한 채널이었지요. 유명한 텔레토비도 거기서 만났고 애니메이션, 실제 영국 아이들이 나오는 프로그램까지 정말 유익했습니다. 그 채널을 보면서 둘째는 영어를 사랑하게 되었는지도 모릅니다. 저희 둘째는 아토피라는 특수한 상황 때문에 영상 노출이 과했습니다. 이렇게까지 하는 것은 추천하지 않습니다. 적절한 시간의 노출로도 충분합니다.

차고 넘치는 둘째의 듣기는 읽기를 수월하게 만들어주었습니다. 눈으로 보고 듣고 따라 읽었던 단어들이 많으니 읽기 책을 접했을 때 스스럼 없이 읽기가 가능했습니다.

내 아이의 스타일을 파악하자

첫째의 영어는 단계별로 차근차근 발전한 계단식의 영어입니다. 둘째의 영어는 발화점에 도달한 폭탄이 터지는 모양이고요. 둘 중 누가 맞다

틀리다가 아닙니다. 지식을 습득하는 방식이지요. 둘의 공통점은 차고 넘치게 들었다는 것이죠.

첫째와는 다른 둘째를 키우면서 얼마나 한숨을 쉬었는지 모릅니다. 사실, 많이 힘들었거든요. 이제와 생각하면 똑같이 자라기 바라던 제가 못난 엄마였어요. 둘은 각각의 인격체이고 같을 수가 없으니까요.

내 아이에게 집중해야 합니다. 옆집 누가, 혹은 인터넷 카페의 어느 집 아들이 했던 영어를 따라 하지 마세요. 방법은 다양하고 우리 아이에게 맞는 방법은 엄마가 찾아주어야 합니다. 듣기를 해오는 과정에서 취향을 충분히 알아낼 수 있습니다. 그것을 앞으로 또 적용해나가면 됩니다. 내 아이에 대해 정보를 많이 알고 계셔야 합니다. 그래야 실패할 때 다시 새로운 도전을 할 수 있거든요.

읽는다는 것은 그 언어에 대한 기본적인 정보 수집이 끝났다는 말과 같습니다. 우리 아이가 읽기를 원하게 만들고 싶다면 전 단계인 듣기에 충실하세요. 계단식 성장이든 폭발하는 성장이든 듣기가 없으면 아무것도 만들어지지 않습니다.

2) 한글책 읽기가 기본 중 기본이다

한글이 기본이다

아이들이 태어나서 몇 년 동안 듣고 말했던 모국어가 눈에 들어오기 시작합니다. 드디어 한글이 문자로 인식되는 것입니다. 엄마표 영어의 발달과정과 똑같죠? 앞에서도 말했지만 모국어를 제대로 습득했던 아이들이 같은 방법으로 외국어를 습득할 때 훨씬 효율이 좋습니다. 우리나라 모든 아이가 한글을 읽고 우리말을 할 줄 알지만 영어를 잘하는 아이들은 드뭅니다. 당연히 영어 노출기간, 엄마의 노력, 아이의 능력도 차이가 있습니다. 한글을 어떻게 익히고 발전시켰는지도 큰 비중을 차지합니다.

엄마가 바쁘다는 이유로 동화책 한 권 읽어주지 않았어도 7세 하반기에 한글을 가르칠 수 있습니다. 이 시기가 되면 한글은 습득이 아닌 학습을 해야 합니다. 한글은 정말 과학적인 언어이기 때문에 배우는 것이 어렵지 않습니다. 그다음이 문제입니다. 학교에 들어가서 자음과 모음을 배우지만 수학에서는 문장제 문제를 풀게 됩니다. 자음과 모음 조합을 겨우 하는 아이가 문맥을 이해할 수는 없습니다.

모국어를 이해하는 노력을 하지 못했던 아이는 외국어에서도 마찬가지입니다. 그렇다고 해서 책을 공부하듯 읽히라는 말이 아닙니다. 듣기부터 훈련을 하자는 것이죠. 하지만 이 훈련은 세상에서 가장 쉬운 훈련입니다. 엄마가 읽어주는 책의 내용을 듣기만 하면 됩니다. 듣다 보면 알고 싶은 단어가 생기고 자연스럽게 알게 되는 단어들이 생깁니다. 단어를 조합해서 문장의 뜻을 알아내려고 합니다. 동화책만 읽어줘도 가능한 일입니다.

이렇게 모국어를 습득하는 과정은 영어에서도 똑같이 적용하게 됩니다. 영어 몰입이 아니라 한글 몰입부터 해야 합니다. 영어로 아무리 빨리 달려 봐도 결국 모국어를 채워야 균형이 잡힙니다. 두 언어는 전혀 다르지만 소통을 위한 도구라는 공통점 때문에 같이 성장할 수 있습니다.

언어를 습득함에 있어 효율성을 생각하세요. 어느 언어가 우위에 있을 때 아이가 편할지 생각하세요. 엄마가 알려주기 쉬운 언어가 어느 쪽인지 따져보세요. 그러면 답이 나옵니다.

국내 작가의 창작 한글 동화를 읽히자

첫째와 둘째 어릴 적에 『차일드 애플』이라는 전집을 읽어본 적이 있습니다. 일본의 동화책인데 '인성'발달에 좋은 동화책이라고 소문이 났었지요. 저도 소문에 귀가 팔랑거려 중고로 구매해서 봤는데요. 읽어 주다가 중간에 그만 뒀던 기억이 있습니다. 일본 특유의 '죄송합니다.' 하는 분위기가 우리의 정서와 맞지 않았어요. 글자는 우리말로 번역이 되었지만 분위기는 일본의 느낌이었습니다.

동화책은 단순히 그림이 그려진 책이 아니라 작가의 생각이 들어 있는 책입니다. 작가의 국적에 따른 문화적인 분위기까지 책에 들어가게 됩니다. 그렇기 때문에 한글을 익히기 위해서라면 우리나라 순수 창작 동화를 더 추천합니다.

전통 문화나 우리의 역사 이야기들은 당연히 한국 작가님이 글을 쓰겠지요? 그렇다면 창작동화도 같은 맥락에서 생각할 수 있습니다. 짧게만 보이는 동화책의 문장들도 한글을 다듬고 다듬어서 만들어냅니다. 당연히 번역을 할 때도 고심을 하면서 하겠지만 우리글을 배울 때 더 맞는 것은 한글 작가님의 동화책이라고 생각합니다.

엄마표 영어를 진행하다 보면, 결국은 영어 동화책은 영어로 읽게 됩니다. 내가 한글로 봤던 동화책을 원서로 보게 되었을 때 언어는 절대 100% 호환될 수 없다는 느끼게 됩니다. 동화책의 분위기까지 달라지기도 하고요.

당연히 동화책의 국적이 영국과 미국만 있는 것은 아니죠. 다양한 국가의 언어를 모두 원서로는 볼 수 없는 것이 사실입니다. 전 세계의 언어를 알 수는 없으니까요. 한글 창작만 보자는 말이 절대 아닙니다.

우리는 종종 한글만큼 다양한 표현을 가진 언어가 없다고 말을 하지요. 그 표현들이 제대로 쓰여 있는 한글 동화책을 본다면 아이들의 정서와 우리말 실력에도 도움이 될 것입니다.

쌍둥이 책은 이렇게 활용하자

엄마표 영어를 하면서 누구나 고민하는 부분이 있습니다. 바로 쌍둥이 책입니다. 영어 원서와 번역서를 같이 보는 것이 좋은가, 좋지 않은가는 전문가들 사이에서도 의견이 갈립니다. 저는 되도록 영어 원서는 영어로만, 번역서보다는 순수 한글로 창작된 동화를 읽는 것이 좋다고 생각하는 사람입니다.

언어를 습득하는 데 정답은 없습니다. 그렇기 때문에 상황에 따라 쌍둥이 책도 아이들의 언어 습득에 도움이 됩니다. 영어를 6, 7세에 시작하게 되었을 경우, 자연스럽게 모국어의 수준이 영어보다 높은 지점에서 시작하게 됩니다. 이 때 아이가 읽었던 동화책의 원서를 보여주시는 것을 추천합니다.

동화책의 그림은 만국 공통어입니다. 영어로 쓰여 있지만 그림이 익숙하기 때문에 아이는 책을 고르는 데 부담이 적습니다. 내용을 보면서 영어의 뜻을 유추할 수도 있습니다. 반복하다 보면 한글과 영어 두 책의 내용이 연결이 되면서 자연스럽게 이해를 하게 됩니다.

영어 동화책을 먼저 본 경우, 번역서를 보게 되면 내용이 명확해지는 효과를 얻을 수 있습니다. 이때 주의해야 할 점은 쌍둥이 책을 많이 보게 되는 경우 영어는 더 이상 보지 않을 수도 있다는 점입니다. 내가 아는 모국어로 책이 쓰여 있는데 굳이 모르는 언어의 책을 보지는 않습니다.

영어를 처음 시작할 때 한국어의 수준이 훨씬 높으면 어렸을 때 봤던 동화책의 원서들을 챙겨주세요. 어려운 책은 절대 안 됩니다. 엄마가 읽어줄 수 있고, 혹은 음원이 빠르지 않고 편안한 느낌이어야 합니다.

쌍둥이 책은 아이가 영어에 대해 부담이 많을 때 사용하는 차선책입니다. 우리 아이가 영어 원서에 관심이 없다면 쌍둥이 책을 활용해보세요. 영어의 진입장벽이 훨씬 낮아질 것입니다.

3) 듣고 말하기? 아니 읽기가 먼저다

모국어를 배울 때는 듣고 나서 말을 하죠. 그 후에 읽고 쓰기를 배웁니다. 언어를 습득하는 바른 방법이지요. 말보다 책 읽기를 먼저 하는 아이는 없습니다. 외국어를 배우는 것은 조금 다릅니다. 우리나라 환경에서 영어 말하기를 먼저 시작하기는 힘듭니다. 엄마가 영어로 말하기 힘들고, 밖에 나가서도 영어로 말을 할 환경이 아닙니다.

언어적인 소질이 뛰어난 아이들은 말하기를 먼저 터득하기도 합니다. 그것은 남의 집 이야기입니다. 그러다 보니 스피킹에 목을 맨 엄마들을 유혹하는 영어 사교육 시장이 어마어마하게 큰 것입니다. 흘려듣기를 한 후 말하기를 배우라고 영어 학원으로 내보내는 것이죠.

순서를 살짝 비틀면 해결책이 보입니다. 왜 말을 먼저 해야 하나요? 이제는 이렇게 당당히 질문을 할 수 있지만 저희 아들들은 우리말조차 늦게 시작한 아이들이라 저도 엄청 전전긍긍했답니다. 엄마표 영어를 그만둬야 되는가 하는 고민을 또 합니다. 충분히 들으면 말을 한다는데 말을 못했으니까요.

저희 큰아이가 영어로 말을 뗀 것은 9세 때부터였습니다. 그것도 아주 더듬거리면서 시작을 했죠. 말을 시작하기까지 듣기를 거쳐 읽기를 한 시간이 엄청 길지요. 아이가 영어로 말을 떼지 못했을 때 읽기를 시작한 것은 정말 잘한 결정이었습니다. 아무것도 하지 않았다면 발전이 없었을 테니까요. 양을 채우는 것도 일이지만 그것을 밖으로 꺼내는 것도 아주 중요합니다. 엄마표 영어를 하다 보니 시기에 맞게 꺼내줘야 될 때도 있더라고요.

아이들의 성향은 다르다고 했지요? 둘째는 반대로 읽기보다 말하기가 먼저였습니다. 이렇게 아이마다 달라요. 따라서 내 아이의 발달 순서에 엄마가 맞춰야 합니다. 전문가들이 정해놓은 순서에 아이들은 맞아 들어가지 않는 경우가 더 많습니다. 듣기를 처음 시작해야 되는 것은 언어 습득 과정에서 보면, 당연한 이야기입니다. 그다음이 읽기가 될지, 말하기가 될지는 아무도 모릅니다. 다만 말하기가 안 된다고 좌절하거나 슬퍼하지 말라는 말입니다. 읽기를 하면 됩니다.

늦게 차오르면 발전이 빠릅니다. 그러니 영어로 말을 못한다고 걱정 마세요. 우리는 우리 아이들의 순서를 따라가면 됩니다. 듣기, 읽기, 말하기, 쓰기의 발전은 케이크의 모양과도 같습니다. 지루한 시간인 것 같지만 한 단계 올라갈수록 걸리는 시간이 짧아집니다.

따라 읽기는 영어 옹알이

아기가 모국어를 배울 때 제대로 된 단어 하나를 말하기 전까지 수개월 동안 옹알이를 합니다. 옹알이는 의미 없는 소리가 절대 아니죠. 엄마의 입모양을 흉내 내고 소리를 따라 하는 연습입니다. 옹알이 없이 말을 바로 하는 아이가 있나요? 연습 없이 완성되는 작품은 절대 없습니다.

읽기를 생각해봅시다. 처음부터 줄줄 읽는 아이들은 절대 없지요. 배우지 않아도 단어나 음가를 알고 읽어내려고 하지만 혼자서는 한계가 있습니다. 이럴 때 엄마의 도움이 필요합니다. 모국어를 배울 때 옹알이를 하는 것처럼 영어 말하기의 옹알이 연습을 해야 합니다.

읽기를 단순 읽기라고 생각하지 마시고 스피킹을 위한 옹알이라고 생각하세요. 읽기는 읽기만으로 절대 끝나지 않습니다. 소리를 입 밖으로 내는 것은 단순한 작업이 아닙니다. 내가 무엇인가를 인지해야만 가능합니다. 즉 영어로 단어나 문장을 인지하기 때문에 할 수 있는 것이죠. 이 작업은 절대 쉽지 않습니다. 연습 없이는 불가능해요. 영어는 우리말이 아니기 때문에 훈련이 무조건 필요합니다.

또한 그렇기 때문에 따라 읽기는 어린나이에 시작하면 안 됩니다. 아이들은 이미 듣기를 할 때 노래를 부르면서 음가를 깨우쳤습니다. 그리고 좋아하는 노래들은 반복하면서 영어 문장들을 자연스럽게 흡수했지요. 지금까지의 과정은 '자연스러움'이 중심이었습니다.

읽기는 자연스러움이 아닙니다. 문자를 인지하고 입으로 소리가 나와야 합니다. 읽기는 훈련이라고 할 수 있습니다. 그렇기 때문에 억지스럽게 시키면 절대 성공할 수 없습니다.

옹알이를 할 때 아기가 엄마를 따라 하는 것은 신기하기 때문입니다. 엄마와 비슷한 소리를 낼 수 있다는 것이 신기하죠. 그래서 자꾸 하게 됩니다. 읽기도 이렇게 진행하면 좋습니다.

적당한 때에 적당한 양의 읽기를 시작해야 합니다. 욕심은 금물입니다.

알파벳의 이름을 알고, 알파벳의 소리를 알고 소리를 조합해서 단어를 만듭니다. 느리더라도 천천히 스스로 조합할 수 있는 시간을 줘야 합니다. 그 후에는 아이가 스스로 읽어내고 싶어 할 때 연습을 시작해야 합니다. 그래야 지속할 수 있습니다.

읽기 능력이 쌓이게 되면 자연스럽게 말하기에도 도움이 됩니다. 우리 말이 아니니까 연습한 만큼만 내 것이 됩니다. 회화를 달달 외우면서 연습하면 내 것이 되겠지만 어느 어린아이가 그 방법을 좋아할까요. 어른에게도 힘든 방법입니다.

읽기와 말하기가 바뀐다고 전혀 속상할 필요가 없는 이유가 여기에 있습니다. 따라 읽기는 옹알이라는 것 기억하세요. 말을 트이게 해주는 훈련입니다.

말 잘하는 옆집 아이

제가 정말 부러워하는 아이들이 있습니다. 유니콘 같은 아이들이죠. 영어를 한 지 얼마 되지 않았는데 말을 줄줄 하고 리딩을 하는데 발음이 너무나 좋습니다. 질투가 날 수밖에 없었어요. 우리 아이들은 듣기를 채우기 까지도 오래 걸렸고, 말도 느렸고, 읽기도 느렸으니까요.

지금 생각해보면 제가 어리석었어요. 비교를 할 필요가 없는 내용입니다. 결국은 비슷한 선상에서 만나게 됩니다. 우리 아이만 더딘 것같이 보이고, 우리 집에서 하는 엄마표 영어만 엉터리인 것 같습니다. 내 방법이 잘못돼서 아이들이 늦나? 우리는 언제 저렇게 되지? 등등 온갖 걱정과 고민으로 가득 찼을 때도 있습니다.

제가 비효율적이라고 생각했던 첫째의 흡수 속도는 점점 빨라지고 있어요. 처음에는 거북이 같았거든요. 도대체 언제까지 이걸 해야 하지?라는 질문을 모든 지점에서 했습니다. 언제까지 들어야 하지? 언제까지 읽어야 하지? 언제 말을 하지? 이런 질문들을 쌓아가는 시절에 부단히도 양적으로 질적으로 채워주려고 노력했습니다. 그리고 마지막 가장 어려운 단계 쓰기는 쓰기 시작하고 1년이 흐르니 일정 수준 이상으로 올라옵니다.

말이 먼저 나오지 않는다면 읽기를 시작해보세요. 단, 동화책을 스스로 읽으려고 하는 시기쯤 시작하는 것이 가장 좋습니다. 서로 다른 두 언어의 시너지 효과를 낼 수 있어요. 어차피 모국어의 읽기 능력이 먼저 발달합니다. 영어는 천천히 따라가 주세요.

말 잘한다는 소문 속의 아이를 부러워하지 말고 우리 아이의 때에 맞춘 엄마표 영어를 진행하세요. 내 상황에 맞는 영어를 꾸준히 진행하면 결국 같은 곳에서 만납니다. 혹은 더 넓고 높은 곳에 우리 아이만 올라갈 수도 있어요. 어떻게 바탕을 쌓아 가느냐에 따라 아이의 최종 목적지가 결정됩니다.

4) 슬럼프, '읽기와 발음'을 이겨내라

우리 집 두 아들은 유난히 엄마가 읽어주는 책을 좋아했습니다. 영어
든, 우리말이든 말이죠. 엄마에게 영어책을 읽어달라고 했을 때 대부분
의 엄마처럼 저도 긴장을 잔뜩 했습니다. 엄마의 발음 때문에요. 독해만
할 줄 아는 엄마의 발음이 좋을 리가 없으니까요.

그때 당시 엄마의 발음은 별 상관이 없다는 전문가의 의견을 봤고, 저

는 마음 놓고 읽어줬습니다. 그런데 웬걸 리딩을 시작한 첫째의 발음이 저를 닮지는 않았으나, 안드로메다에서 온 것 같은 억양과 발음으로 읽기를 하는 것이었어요.

읽기를 처음 시작할 때부터 완성형인 아이들이 있습니다. 구강구조도 영어와 잘 맞고, 따라 하기를 잘하는 아이들이 있어요. 큰 노력 없이도 단어들의 특징을 잘 잡아내는 게 타고난 친구들입니다. 그게 저희 아이들이 아니었던 것이죠.

다른 집 아이들을 부러워하고 우리 아이들을 걱정하는 쓸모없는 시간을 보내기도 했지요. 비교를 하지 않기로 결심했으면서 제 머릿속은 왜 우리 아이들은 안될까라는 질문이 끊이지 않았어요. 의미 없는 질문이 이어지면 결국 슬럼프가 오게 됩니다. 답이 없기 때문이죠.

충분한 듣기를 진행한 후 시작하는 읽기도 어느 시점부터 지루해지는 시간이 옵니다. 지금까지의 영어가 편안하게 받아들이는 과정이었다면 읽기부터는 본격적으로 훈련이 들어가기 때문입니다. 달콤한 성과를 얻기 위해 걸어야 되는 훈련의 길이 얼마나 멀고 험한지는 누구나 잘 알고 있습니다. 다 알고 시작한 도전이지만 결과가 보이지 않는 지루함은 사람을 지치게 합니다. 엄마표 영어는 장기전입니다. 언제 어디서 결과물이 나올지 몰라요. 묵묵히 꾸준히 가는 것이 제일입니다.

리더스를 시작하고, 시간이 흘러 SR 2점대(미국 초등학교 2학년 수준

의 리딩 레벨)의 동화책을 매일 읽어도, 화상영어를 시작했을 때도 늘 R
과 F를 수정하라는 지적을 받았습니다. 연습의 시간이 쌓이고 쌓인 지금
은 발음 지적을 받지 않아요. 할 말 다한다는 평가를 받습니다.

내 생각을 외국어로 편하게 표현할 수 있다는 것은 정말 대단한 일이
지요. 토론에서도 막힘이 없습니다. 또래의 외국인 친구들과 수업을 같
이 해도 전혀 부족하지 않습니다. 제가 그렇게 부러워했던 유니콘 형님
의 모습이 첫째에게 나타났어요. 첫째가 한 것은 쉬지 않고 매일 영상을
보고, 매일 영어로 놀고, 매일 책을 읽은 것뿐입니다.

슬럼프가 왔을 때 극복 방법은 단순합니다. 매일하는 지루한 일과를
멈추지 않고 계속 진행하는 것입니다. 아이가 지칠 때도 있고, 엄마가 지
칠 때도 있습니다. 양을 줄여 여유를 가지고 진행해야지 단박에 멈춰버
리면 안 됩니다.

우리 아이들의 발음은 사실 집을 나간 적이 없습니다. 집안 구석에 웅
크리고 숨어 있었을 뿐이죠. 구석구석을 쓸고 닦고 가꾸다 보니 집이 환
해지고 숨어 있던 발음을 찾을 수 있었던 것이죠.

지루한 읽기 훈련, 1년 뒤를 생각하자

저는 무엇인가를 시도할 때 1년 뒤를 생각합니다. 그렇지 않으면 쉽게
지루해지거든요. 하루하루의 진행과정에서는 바로 앞만 바라보고 있기

때문에 변화가 보이지 않습니다. 고작 3개월을 연습하고는 왜 못 읽느냐고 걱정을 하는 엄마도 봤습니다. 그분들에게 늘 1년 뒤를 생각하라고 말씀드리죠. 아무것도 하지 않은 것이 아닌 이상 변화는 무조건 옵니다.

읽기는 듣기와 다릅니다. 우리는 눈으로 '본다'고 하고 있지만 보고만 있지 인식하지 못할 경우가 많습니다. 아이의 '뇌'가 눈에서 온 시각정보를 저장해줘야 인식을 하게 됩니다. 뇌는 게으르다고 했습니다. 한두 번해서는 꼼짝도 안합니다. 아이의 뇌에 외국어 방을 만들어주려면 끊임없이 노크를 해야 합니다. 하루에 많이 한다고 되는 것이 아니고 매일매일 꾸준히 해야 합니다. 뇌가 귀찮아서 방을 만들어줄 때까지요.

'꾸준히'는 누구나 알지만 실행하기 힘든 방법입니다. 저도 읽기를 하다가 빠뜨린 날들도 있어요. 아이도 엄마도 사람이기에 지치고 힘든 날도 있습니다. 읽기를 꾸준히 하려면 분명한 목표가 필요합니다.

자잘한 단기 목표들을 세우게 되면 목표를 달성한 후에도 발전이 없는 모습에 실망을 하게 됩니다. 소확행은 엄마표 영어에는 어울리지 않아요. 100m 단거리 시합이 아니라 42.195km입니다. 마라톤을 뛸 때 100m마다 초를 재고 기록의 목표를 세우면 과연 완주를 할 수 있을까요? 굵직한 기준을 잡고 실행해야 합니다.

지루한 시기를 지나려면 멀리 보는 눈이 필요합니다. 1년 뒤를 상상하면서 조금 더 넓게 상황을 지켜보세요. 그 1년 동안에 지루함을 넘어 슬럼프도 올 것이고 슬럼프를 지나 성장의 순간도 여러 번 올 것입니다. 중요한 것은 아무것도 하지 않으면 아무 일도 일어나지 않는다는 것입니다.

지루하지만 소리 내어 읽어야 한다

읽기 연습은 힘든 것이 아닙니다. 지루하고 재미가 없을 뿐이죠. 아이가 힘들어서 그만두었다는 것은 핑계입니다. 엄마가 노력해야 합니다. 엄마는 아이의 페이스메이커가 되어야 합니다.

본능적인 발달과정도 엄마의 도움 없이는 쉽지 않은 것이 아이들입니다. 온전히 혼자 뒤집고, 이유식을 떠먹고, 걸어 다닌 아이는 없습니다.

한글을 입에 붙게 해주는 것도 하루아침에 되지 않습니다. 그렇다고 소리 내어 책 읽기를 하지 않으면 어떻게 될까요? 연습하지 않으면 우리말조차 더듬거리며 읽게 됩니다. 하물며 외국어입니다. 연습 없이는 어떤 성장도 할 수 없습니다.

노출을 많이 해주는 것만으로도 스스럼없이 읽고 말을 하는 아이도 분명 있습니다. 저희 둘째가 그랬습니다. 둘째는 고난이 없었을까요? 연습 없이 읽기가 시작되다 보니 더 힘들었습니다. 읽기 연습을 습관 들이기가 힘들었어요. 머리를 더 써야 할 시기에 자꾸 도망치기 바빴습니다. 그런 둘째도 읽기 훈련을 시켰습니다. 단순한 문장만 읽으려고 엄마표 영어를 시작한 것은 아니니까요.

아이의 취향과 성향에 맞춰 진행을 해야 합니다. 그렇다고 응석을 받아주라는 것은 아닙니다. 확실한 기준을 정하고 부담을 주지 않으면서 진행해야 합니다. 파닉스 읽기부터 시작한 첫째도 자연스레 읽기가 가능해졌던 둘째도 다음 단계를 넘어가기 위해서는 연습을 해야 했습니다.

따라 읽기는 말하기를 위한 옹알이 단계입니다. 말 연습을 한다고 생각해주세요. 소리 내어 읽었던 글자들은 뇌에 새겨지게 됩니다. 그래야 언어는 내 것이 됩니다. 누구나 읽기 연습은 힘이 듭니다. 그래도 읽어야 합니다.

5) 아이의 취향을 살려 습관으로 만들어라

알파벳 책 활용하기

읽기 연습을 시도하기 전에, 때가 되었는지 확인할 수 있는 방법이 있습니다. 아이들이 좋아하는 책을 활용하는 방법인데요. 이 방법은 엄마가 힘을 들일 필요가 없습니다. 아이들이 좋아하는 책은 매일 들고 오거든요. 읽어 달라고 들고 오고, 노래 틀어 달라고 들고 오고, 춤추자고 들고 옵니다. 아니면 혼자 구석에 앉아 그 책만 보고 있을 때도 있죠. 저희는 특히 둘째가 그랬답니다.

좋아하는 책의 단어들을 자꾸 읽으려고 합니다. 좋아하니까 알고 싶은 게 당연합니다. 그런데 이 글자들이 노래들을 때처럼 눈에 들어오지 않아요. 그러면 엄마에게 물어보기 시작합니다. 책 두 권에 나온 단어들을 매치 시키면서 신기해하기도 하고 유추해내기도 합니다. 단어 읽기를 놀이로 즐기기도 하고요.

이때 읽기 훈련을 시작하면 안 됩니다. 아이의 호기심은 아직 덜 익었고 읽기 시작하기에 아직 이릅니다. 집에 있는 대부분의 동화책의 글자들을 알고 싶어 할 때 아이가 좋아하는 책으로 시작하는 것을 추천합니다. 훈련이 아닌 놀이로 말이죠.

영어 동화책들 중 알파벳 책이 정말 많지요? 알파벳 책이 한 권만 있는 집은 없을 거예요. 저의 경우는 서점이나 행사에 가면 예쁜 알파벳 책들을 갈 때마다 사왔습니다. 단어로 된 책부터 긴 문장이 나온 책까지 선택의 범위가 굉장히 넓었거든요. 알파벳 자체를 알려주는 책도 있고 알파벳으로 시작하는 단어들을 알려주는 책도 있습니다. A is for Apple부터 A is for Astronaut까지 내용도 다양하지요. 처음 단어를 알기에도 좋지만 내용을 다 알고도 활용도가 높습니다. 다양한 알파벳 책을 같이 보면서 그림 사전 같은 재미도 느끼더라고요.

알파벳 책들 중 아이가 좋아하는 책이 읽기를 시작하기 가장 좋은 책입니다. 알파벳 책의 경우는 단어와 그림이 일치해서 직관적으로 뜻을 알아챌 수 있습니다. 그림의 비중에 비해 문장의 길이가 길지 않기 때문에 부담이 정말 없답니다.

처음 듣기를 시작할 때 구매했던 책들은 아이의 읽기 연습 책이 되어 줍니다. 알파벳 책은 많아도 좋습니다. 알파벳을 알고 나서 끝이 아니기 때문입니다. 듣고, 따라 읽고, 스스로 읽으면서 활용을 합니다. 그렇기 때문에 되도록 원서로 구매하셔야 합니다. 아이의 읽기 단계가 발전한 후에는 문장의 뉘앙스까지도 흡수되기 때문입니다. 우리나라에서 학습을 위해 만들어진 알파벳 책이 아닌 동화작가들이 정성 들여 만든 단행본을 더 추천합니다.

알파벳은 영어의 기본입니다. 알파벳 동화책은 작가들이 유난히 공을 들인 흔적이 많이 보입니다. 아이들이 볼 첫 책이기 때문이죠. 엄마와 소통을 시작하는 첫 책이기도 하고요. 문자의 첫 인지부터 문장 읽기까지 진행할 수 있는 책입니다. 우리 아이 영어 인생에서 수명이 가장 긴 책이 바로 알파벳 책입니다.

본격적인 읽기를 시작하기 전에 알파벳 책으로 흥미를 키워주세요. 시작은 알파벳이지만 책장에 꽂혀 있는 다른 동화책들로 손이 뻗고 어휘가 스스럼없이 확장이 될 것입니다. 그 후에 진짜 훈련을 시작하면 됩니다.

취향은 이런 것입니다. 지루한 문자 공부를 흥미로운 놀이로 만들어줍니다. 취향을 잘 파악하면 습관을 들이는 것이 훨씬 쉬워집니다. 아이를 위해 책을 구매했다면 그 책이 언제까지 사랑받을지 생각해보세요. 엄마표 영어에서 동화책의 수명은 생각보다 훨씬 깁니다.

취향을 살려 습관으로

별난 우리 둘째의 『Chicka Chicka Boom Boom』 사랑은 앞에서도 말을 했지요. 『Chicka Chicka Boom Boom』은 양치 책이 아니라 알파벳 책입니다. 알파벳들이 코코넛 나무로 하나씩 올라갑니다. 엄마 대문자가 아기 소문자를 데리고 가지요. 그러다가 무거워지면 다들 땅으로 떨어집니다. 그런데 또! 다시 붕대를 감고 올라가는 내용입니다.

책의 그림은 단순합니다. 기교가 없고요. 가위로 오린 것 같은 그림이 아주 인상적입니다. 선명한 색상의 알파벳들은 책 전체에 반복적으로 나오면서 자연스럽게 알파벳을 알게 해줍니다.

왜 둘째가 이 책을 좋아하게 되었는지 모르겠습니다. 이 책이 어떻게 우리 집에 오게 되었는지도 기억이 나지 않아요. 하나 분명한 것은 우리 집 거실을 가장 오랫동안 점령을 했던 동화책이란 점입니다. 같은 책이 여섯 권이나 꽂혀 있었고요.

둘째가 알파벳을 자연스럽게 깨우치게 된 것은 당연한 결과였습니다. 매일 보는데 모르는 게 이상하죠. 손가락에 힘도 없으면서 코코넛 나무와 알파벳들을 그리기도 하고요. 특히 유튜브 영상을 정말 좋아했습니다. 알고 보니 굉장히 유명한 책이었습니다. 옛날에 만들어진 정식 음원 외에 랩 형식으로 편곡된 곡들도 있었어요. 종이책이 살아 움직이는 것을 보면서 둘째는 정말 행복해했습니다. 이런 모습이 취향을 찾았을 때 볼 수 있는 모습입니다.

책 보고, 영상 보고, 그림 그리고, 글자 쓰고, 양치할 때도 부르면서 책 한 권으로 할 수 있는 모든 것을 했답니다. 『Chicka Chicka Boom Boom』은 알파벳이 주인공이긴 했지만 문장들이 쉬운 편은 아니었어요. 따라 부를 수는 있었지만 읽을 수준은 아니었어요. 알파벳을 다 깨우치고 읽기 연습도 끝이 난 후에야 본문을 직접 읽을 수 있었습니다.

아이가 좋아하는 책은 반복이 쉽습니다. 노래가 같이 있는 책이라면 춤을 추면서도 반복을 할 수 있고 노래가 없다면 라임 놀이를 하면 됩니다. 취향을 찾아 습관으로 길들여주세요. 습관이 많아지면 읽기 훈련을 시작할 수 있습니다.

습관을 넘어서 훈련으로

아쉽게도 습관만으로 따라 읽기 능력이 늘지는 않습니다. 습관을 체계화시킨 것이 바로 훈련입니다. 훈련이라는 표현이 전투적이고 무섭게 들릴 수도 있어요. 따라 읽기가 훈련인 이유는 체계적으로 계획을 세워 실행해야 하기 때문입니다.

이 훈련은 아이를 힘들게 끌고 간다는 의미가 아닙니다. '따라 읽기'는 아이가 영어로 하는 첫 학습이기에 엄마의 핸들링이 중요하다는 말입니다. 영어 듣기를 할 때는 아이가 원하는 책을 읽어주고 들려줬다면 '따라 읽기'의 과정에서는 읽어야 할 책의 순서가 있습니다.

즉, 아이가 좋아하는 책을 마음대로 보게 하는 과정이 아닙니다. 게다가 훈련이기 때문에 하루 일정량을 읽어야 하는 계획도 세워야 합니다. 엄마표 영어를 하면서 시간 투자 없이 성과를 원하는 분들을 많이 봐왔습니다. 절대로 그런 일은 없습니다. 미국 아이들조차 읽기 연습을 합니다. 우리가 한글 동화책 읽는 것과 같습니다.

그렇기 때문에 섣불리 시작하면 안 됩니다. 정말 충분히 문자에 대한 거부감이 사라지고 친근함으로 가득 차 있을 때 시도를 해야 합니다. 정해진 양을 연습했다면 나머지 시간은 또 좋아하는 것들로 가득 채워주면 됩니다.

6) 파닉스의 완성은 없다

파닉스, 시작은 있지만 끝은 없다

파닉스란 단어가 가진 소리를 배우는 교수법입니다. 알파벳마다 고유의 소리가 있고 소리를 조합하면 단어를 읽을 수 있습니다. 말은 굉장히 명쾌합니다. 실질적으로는 그렇지 않아요. 한글은 자음과 모음이 글자당 하나의 소리를 가지고 있어요. 그렇기 때문에 자음과 모음을 배우고 나면 조합해서 글자를 읽는 것은 쉽습니다. '한글을 뗀다.'라는 말은 그래서 맞는 말입니다. 그 후의 발전과정은 말도 안 되게 힘들지만 일단 한글은 읽기가 굉장히 수월한 글자입니다.

파닉스는 뗄 수가 없습니다. 영어의 음가 조합은 그렇게 쉽지 않아요. 모음의 개수가 적어서 하나의 모음이 2가지 소리를 가지고 있는 것은 기본이고요. 모음끼리 합쳐지면서 또 다른 소리를 만듭니다. 자음은 개별의 소리만을 가지고 있는 것처럼 보이지만 자음끼리 합쳐져서 새로운 소리를 내고 소리가 나지 않는 자음들도 있습니다.

자음의 소리를 배울 때만해도 마음이 가볍습니다. 이제까지 책에서 봐왔던 어휘들이 기본이기 때문에 많이 익숙합니다. 그 후 모음을 배울 때부터 아이들이 힘들어 하기 시작합니다. 자음과 모음이 합쳐져서 소리가 된다는 것을 머리로 알지만 눈에 익지 않습니다. 그렇기 때문에 동화책으로 충분히 채운 후 읽기 훈련을 시작해야 된다는 것입니다.

파닉스를 완벽히 숙지했다고 해도 70%의 어휘만을 읽을 수 있다고 해요. 30%의 어휘는 결국 발음 공부를 다시 또 해야 합니다. 규칙대로 읽히지 않는 단어들이 나오거든요. 반대로 생각하면 파닉스를 잘 익히면 70%의 어휘를 읽을 수 있습니다. 그리고 나머지 어휘에는 눈으로 보고 익히라는 사이트 워드, 불규칙 어휘들, 전문적인 단어들이 있습니다.

'끝이 없다'는 것은 계속 새로운 어휘들을 습득해야 된다는 의미이지 영어가 정복 못 할 세계는 아닙니다. 우리말도 계속 배우고 익히지 않으면 수준이 퇴화됩니다. 언어로서의 영어를 계속 유지하려면 노력을 해야 됩니다.

파닉스가 답이다

학교 다니던 시절에 어떤 방법으로 영어 읽기를 배우셨나요? 저는 '발음기호' 세대입니다.

단어들마다 가지고 있는 발음기호들이 다르기 때문에 외우고 나면 단어를 읽을 수 있습니다. 모든 영어 사전에는 발음기호가 표기되어 있지요. 읽기의 전통적인 방식이라고 할 수 있습니다.

중학교 1학년이 익숙해지기엔 발음기호의 모양이 복잡했습니다. 발음기호를 학교에서 정식으로 가르쳐주지도 않았습니다. 발음기호 외우는 일이 힘들었던 기억이 있어요. 저만 그랬을 수도 있어요. 결국 저는 단어를 무식하게 외우는 방법을 선택했어요. 알파벳을 외치면서 발음과 뜻을 통째로 외웠습니다. 에스,티,유,디,이,엔,티! 스튜던트! 학생! 이렇게 말이죠. 나중에 왜 무식한 언어가 점수를 받을 수 있었는지 생각해봤습니다. 언어의 기본은 반복과 암기이기 때문에 가능한 것이었어요.

요즘 다시 발음기호를 배워야 한다는 말들도 나오고 있습니다. 파닉스로 배우려면 시간도 오래 걸리고 제대로 읽기도 힘들다는 이유에서입니다. 정답은 없지만 엄마표 영어에서는 발음기호를 외우는 것은 비효율적입니다. 중학교를 들어가는 친구가 영어를 급하게 배우게 되었을 때는 효과적일 수 있겠지요. 파닉스의 조합을 가르치기엔 시간이 부족하니까요.

엄마표 영어에서는 파닉스가 최선의 방법입니다. 듣기로 시작하는 영어이기 때문입니다. 수준에 맞는 충분한 듣기는 음가를 배우는 데 아주 도움이 됩니다. 듣기만 한다고 읽기가 된다는 말이 아닙니다. 내가 들었던 소리들이 결국 음가를 조합하는 데 도움이 된다는 말입니다. 체득한 소리는 뇌에서 기억을 하거든요.

파닉스를 수월하게 익히려면

우리 아이가 가지고 있는 지식을 활용하는 것이 가장 수월한 방법입니다. 듣기를 하면서 채워놨던 단어의 물탱크를 파닉스를 배울 때 활용하게 됩니다. cat, pat, sat을 설명하지 않아도 -at 소리가 나는 그룹이라는 것을 알 수 있습니다. 수도 없이 들었으니까요. 나도 모르게 읽게 됩니다.

들으면서 체득했던 소리는 통으로 우리 아이의 머릿속에 들어와 있습니다. 통으로 들어온 소리가 각각의 소리를 가지고 있다는 것을 알게 해주는 것이 중요합니다. 아이가 알파벳을 익히고 단어를 읽으려고 하는 그 시기에 분리의 작업을 해줄 수 있습니다.

'따라 읽기' 과정에서 이것들은 해결이 됩니다. 그렇기 때문에 읽기의 첫 교재는 아이가 좋아하는 동화책이 되어야 합니다. 문자를 읽는 것은 새로운 세계가 열리는 것과 마찬가지입니다. 절대 성급하게 접근하면 안 됩니다.

영상을 활용한 방법도 적극 추천합니다. 〈Alphablocks〉는 알파벳 블록들이 자기 소리를 내면서 돌아다니다가 합쳐지고 새로운 단어를 발음하면서 그림까지 보여줍니다. 포인트는 알파벳들이 자기 음가를 소리 내면서 다닌다는 거예요. 〈Word World〉는 등장하는 모든 사물이 자신들의 알파벳으로 만들어져 있습니다. 그 외에도 〈Preschool prep〉, 〈Super Simple Song〉, 〈Have Fun Teaching〉등 수많은 영어 채널이 눈과 귀와 입으로 익힐 수 있게 해줍니다.

이 영상들의 특징은 글자들이 직접 화면에 등장한다는 것입니다. 학습의 주제가 뚜렷한 영상들은 알파벳을 전면에 보여주면서 직관적인 학습을 할 수 있게 도와줍니다. 알파벳 책들이 살아 움직이는 것 같은 느낌이죠.

노래가 함께 있는 영상을 활용하세요. 소리를 담고 있는 영상이어야만 학습에 도움이 됩니다. 아이의 눈과 귀와 입을 자극할 수 있어요. 영상에서 봤던 내용을 책에서 보면서 익히게 됩니다.

듣기와 읽기를 이어주는 징검다리가 파닉스라고 생각합니다. 충분히 듣는 것만으로는 스스로 읽을 수 없어요. 학습에 끝이 없다지만 읽기의 처음 시작으로는 이보다 더 좋은 방법이 없습니다.

7) 따라 읽기, 무엇부터 시작할까?

동화책으로 사이트 워드를 익히자

엄마표 영어의 활동을 통해 단어를 깨우친 아이들이 리더스북을 읽기 전에 활용하면 좋은 동화책들이 있습니다. 당연히 알파벳 책과 함께 활용하면 좋습니다. 아이들이 레벨 순서대로 책을 좋아하는 것은 아니기 때문에 집에 있는 아이의 그림책 중 그림과 글자가 일치하는 책들을 활용하세요.

책을 선택할 때 문장의 길이만으로 순서를 정해서는 안 됩니다. 동화책의 글이 그림을 설명하지 않는 경우들도 많아요. 부분적으로 일치하거나 그림과 다른 이야기를 하는 경우도 있습니다. 이럴 때는 엄마가 책을 직접 골라주세요.

엄마가 고른 책을 읽히는 방법은 간단합니다. 아이가 원하는 책을 읽어줄 때, 끼워 넣어 읽어주면 됩니다. 제가 많이 사용한 방법인데요. 난이도가 살짝 있거나 취향에 맞지 않아 잘 찾지 않는 책들은 엄마가 읽고 싶다는 핑계를 대고 큰 소리로 읽습니다. 그러면 멀리서 듣다가 슬금슬금 찾아옵니다. 사실 끝까지 실패한 책도 있긴 합니다.

레벨을 생각하지 않고 아이가 골라온 책으로 시작해도 좋습니다. 아이들은 문자를 그림체로 인식하기 때문에 파닉스 규칙에 맞지 않는 단어들도 자연스럽게 읽게 됩니다. 좋아하는 책의 글자들은 예쁜 그림이 되어 아이들의 눈에 쉽게 들어옵니다. 그림의 이름을 알려주듯 읽기를 진행해주면 부담도 없습니다.

아이가 듣기를 했던 책도 읽기에 활용하세요. 단순한 단어책보다 짧은 문장이 있는 책이 좋습니다. 단어만 읽는 것이 아니라 문장 안의 사이트 워드들이 익숙해져야 하기 때문입니다.

사이트 워드(Sight word)는 어린이를 위한 출판물에 많이 나오는 단어들을 선별해서 만든 단어 목록입니다. 아이들이 영어 단어를 쉽게 알아보고 기억할 수 있도록 만들었습니다. 이런 이유로 하이 프리퀀시 워드

(High Frequency Words, 자주 쓰이는 단어들)라고 불립니다. 어린이 동화책의 대부분은 사이트 워드로 쓰였기 때문에 어떤 책을 골라도 읽기 연습하기에 좋습니다.

모 윌렘스의 『Elephant and Piggy』, 존 클라센의 『I Want My Hat Back』을 비롯한 모자 시리즈, 테드 아놀드의 『Fly Guy』를 특히 추천합니다. 이 동화책들은 일단 정말 재미있습니다. 『Elephant and Piggy』는 엄마와 아이가 롤 플레이를 하면서 놀기에 좋아요. 읽기 연습이 전혀 힘들지 않습니다. 『I Want My Hat Back』은 정말 단순한 그림 속에 재미와 위트가 숨어 있습니다. 내용과 그림이 확실히 일치하고요. 『Fly Guy』는 두말할 것도 없죠. 파리를 반려 동물로 키우게 된 주인공의 이야기입니다. 첫 문장만 읽으면 바로 아이들이 달려드는 책이랍니다.

닥터 수스의 읽기 마법

미국교육협회가 지정한 '리드 어크로스 아메리카 데이(Read Across America Day)'는 닥터 수스의 생일인 3월 2일입니다. 닥터 수스 데이(Dr.Seuss's Day)라고도 불리는 이 날은 국경일은 아니지만 학교와 도서관에서 기념행사를 합니다.

닥터 수스의 이름을 딴 상(Theodor Seuss Geisel Award, 가이젤 상)도 있어요. 비기닝 리더(리딩을 시작한 킨더와 1학년 정도 아이들을 말합니다)를 위한 글 작가와 그림 작가들에게 수여하는 상입니다. 이름을 딴 상이 있고 기념하는 날이 있을 정도니 리더스북의 아버지라고도 할 수 있겠죠.

닥터 수스는 비기닝 리더들이 필수적으로 알아야 하는 200-300단어 정도를 기본으로 책을 구성했습니다. 가장 큰 업적이 바로 사이트 워드를 모으고 라임을 활용하여 정말 읽기 쉬운 책을 만들었다는 것이죠. 이전의 책들은 학습적이고 딱딱했다면 닥터 수스의 책들은 달랐습니다. 독특하게 생긴 캐릭터들이 등장하고 재미있는 문장을 만들어냅니다. 그림을 무서워하는 친구들도 있지만 저희 집에서는 무척 사랑을 받았어요.

읽으면 읽을수록 맛있는 책이라고 할까요? 닥터 수스의 책을 펼쳐보면 생각보다 긴 문장들이 한 페이지 안에 10줄까지도 있습니다. 이걸 어떻게 읽을까 고민하지 말고 한 문장 읽어보세요. 영어의 최고 매력인 라임에 빠져들어 술술 읽게 됩니다.

같은 문장 패턴을 반복하면서 점점 길어지는 특징이 있는데요. 길어지는 과정이 전혀 지루하지 않습니다. 라임에 맞춰 반복하기 때문이죠. 라임에 따라 혹은 멜로디에 따라 부르다 보면 어느새 긴 문장까지 읽게 됩니다.

『Cat in the Hat』, 『Green eggs and Ham』, 『Hop on Pop』, 『Mr.Brown Can Moo Can you』, 『Fox in Socks』 등 제목만 읽어봐도 입에 착 붙습니다. 재미있는 캐릭터와 라임에 맞는 문장까지 아이에 좋아할 만한 내용

으로 채워져 있습니다.

최근 몇 년간 이분의 책이 인종 차별의 문제가 있었던 것이 사실입니다. 저도 정말 속상했었어요. 최근에 닥터 수스 재단에서는 인종 차별의 문제가 걸린 6권을 절판 결정을 내렸다고 합니다. 과오를 인정하고 절판 결정을 내린 재단의 결단에 응원을 해주고 싶습니다.

리더스북 고르는 방법

리더스북은 목적이 분명한 책입니다. 리더(Reader, 낭독자), 즉 읽는 사람을 위한 책이죠. 사이트 워드들로 조합한 문장들을 패턴에 따라 연습할 수 있게 만든 책이 리더스북입니다. 보통 가장 낮은 단계는 그림과 한 줄 문장으로 시작하고요. 레벨이 올라갈수록 문장이 길어집니다. 문장이 길어져도 그림으로 어느 정도 파악할 수 있는 것이 특징이에요.

단계별로 10권의 책으로 구성되어 있을 때 10권 읽었다고 절대 다음 단계로 올라갈 수 없어요. 책을 정말 많이 읽어봐야 합니다. 리더스북은 읽기 훈련이 끝나고 나면 소장할 만한 가치는 떨어지는 책입니다. 처음 사면 5년 이상 보는 동화책들과는 목적이 다른 책이니까요.

도서관을 이용하는 것이 가장 효율적입니다. 좋은 출판사의 책들은 다 구비되어 있거든요. 도서관에 있는 리더스북을 단계별로 모두 읽히겠다는 생각을 하셔야 합니다. 1레벨이라고 나온 책들도 출판사마다 난이도가 다 다릅니다. 난이도 순서대로 1레벨 책들을 다 읽고 난 후 2레벨로 올라가면 됩니다.

같은 레벨의 책을 1,000권 읽어야 다음 학년의 레벨로 올라갈 수 있다는 말이 있습니다. 단순 계산한다면 하루 3권 읽는 것입니다. 절대 불가능한 일이 아니에요.

『Step in to Reading』, 『Ready to Read』, 『An I can read book』, 『DK Readers』처럼 전문적인 리더스북을 고르면 실패 확률이 줄어듭니다.

『Oxford Reading Tree』 흔히 ORT라고 불립니다. 이 책은 문장들이 과거형으로 쓰여 있어서 시작 단계에는 추천하지 않아요. 처음 읽기엔 어렵거든요. 내용도 영국 초등학교 입학한 막내가 주인공이기 때문에 최소 8살-9살 이상은 되어야 재미를 느낍니다. 5단계부터는 과거로 여행을 떠나면서 역사 이야기도 나오거든요. 문장이 과거형인 대신 내용과 그림이 완전 일치해서 내용 이해를 하기 쉽다는 장점이 있습니다.

인기 있는 캐릭터가 등장하는 리더스북들도 많습니다. 예를 들어 유명한 애니메이션 〈Max and Ruby〉는 동화책으로도 나오고 리더스북으로도 나옵니다. 아이가 좋아하는 캐릭터가 있다면 그 캐릭터로 만들어진 리더스북이 있는지 찾아보세요.

8) 절대 지루하지 않은 엄마표 영어 읽기 노하우

다양한 책의 종류 구분하기

이제까지 지켜봐왔던 아이의 취향을 '읽기'에 접목시킬 때가 왔습니다. 본격적으로 '읽기'를 훈련하기 위해서는 어떤 종류의 책이 있는지 알아야 합니다.

책의 종류뿐만 아니라, 연령대나 아이의 수준에 맞춰 엄마가 책을 고를 수 있는 안목도 필요합니다.

책의 종류	어떤 책인가요?	언제부터 보면 좋을까요?
보드북	두꺼운 합지 형태입니다. 책보다는 장난감의 역할이 큽니다. 지식 책의 경우 부담 없이 다가갈 수 있게 플랩북 형식으로 만들어지는 경우도 있습니다.	영유아 시기부터 가능합니다.
픽처북 (동화책)	글과 그림을 같이 보는 책입니다. 그림 읽기를 해주면서 상상력을 키워주기 좋습니다. 엄마표 영어에서 가장 큰 역할을 하는 책입니다.	영유아 시기부터 가능합니다.
리더스북	읽기를 연습하기 위해 문장들을 패턴화시켜 만들어 놓은 책입니다. 아이들의 흥미를 끌기 위해 유명한 캐릭터들이 들어가 있는 경우가 많습니다.	영어 듣기를 시작한 지 최소 1-2년 이후. 7세부터 영어를 시작했다면 바로 볼 수도 있습니다.
얼리 챕터북	챕터북을 읽기 전 징검다리로 읽는 책입니다. 재미 중심의 구성이 특징입니다. 줄거리가 단순하고 감동이나 생각할 거리를 주기보다는 챕터북에 대한 부담을 줄이는 역할에 충실합니다. 얇은 책 여러 권으로 시리즈 구성이 보통이며 챕터북 읽기 전 마중물 역할을 해줍니다.	리더스북 읽기 시작한 지 최소 1년 후부터 추천합니다.
챕터북	얼리 챕터북보다 글의 양이 많아지고 글자의 크기도 줄어듭니다.	얼리챕터북을 충분히 읽으면서 도전해야 합니다.
노블	한글책으로 비유하자면 고학년 이상이 읽는 문학 작품이라고 할 수 있습니다. 스스로 탐독하고 즐기게 되는 수준의 책입니다. 청소년기로 넘어가면서 아이들의 사고를 확장시켜줄 수 있는 양서들이 많습니다.	미국 초등 4,5학년 이상의 레벨부터 도전하는 것을 추천합니다.
그래픽 노블	우리가 알고 있는 만화와는 다릅니다. 그래픽 노블은 만화보다 글이 많습니다.	레벨에 상관없이 다양하게 책이 출판되고 있어요.

캐릭터 리더스북 찾아주기

아이가 좋아하는 캐릭터가 들어간 책을 먼저 읽게 해주면 부담이 적습니다. 인기 있는 캐릭터들은 책에서 시작되기도 하지만 보통 애니메이션에서 파생되는 것들이 많습니다.

영상매체에서 만났던 캐릭터들은 인기가 있으면 바로 책으로 만들어지죠. 이때 보드북 부터 얼리 챕터북 수준의 책까지 나오게 됩니다. 어떤 면에서는 상업화의 극치이지만 아이들의 교육으로 볼 때는 이보다 더 좋을 수는 없어요. 어렵고 지겨운 읽기의 세계에 자연스럽게 발을 들여놓게 해주고 진행 과정 또한 수월해지니까요.

귀여운 돼지 남매의 일상 이야기를 보여주는 〈Peppa Pig〉, 여행과 모험을 즐기는 〈Dora〉, 〈Diego〉시리즈, 해양 동물들 이야기를 다룬 〈Octonuts〉, 야무진 돼지 〈Olivia〉 등 애니메이션으로 인기를 얻게 된 캐릭터들이 나오는 책은 아이들의 취향 맞춤이기 때문에 실패할 확률이 적지요. 동화책으로 시작해서 나온 캐릭터도 많습니다. 『Arther』, 『Curious George』, 『Clifford』까지 책의 선택지는 정말 많습니다.

영어 읽기는 훈련이지만 아이들이 훈련이라는 것을 알지 못하게 해야 합니다. 우리가 영어 동화를 듣고 놀 때 아이들이 학습이라고 생각하지 않은 것과 같습니다. 걱정과 고민은 엄마가 하는 것이고 아이들은 편안하게 받아들이게 해주어야 합니다.

엄마표 영어가 단계별로 진행될 때 진입 장벽들이 높아서는 안 됩니다. 아이가 부담 없이 집어서 읽을 수 있는 수준으로 시작을 해야 합니다. 익숙한 캐릭터로 읽기 훈련을 한다면 지루해질 틈이 없습니다.

하루 1권에서 하루 10권까지 늘려가자

분량만 놓고 본다면 리더스북 열 권을 합쳐도 동화책 한 권의 글의 양에도 미치지 않는 경우가 많습니다. 권당 익혀야 되는 내용이 패턴으로 반복되게 만들어져 있기 때문에 10권을 읽는다 해도 10문장 정도의 분량 정도입니다. 그렇다면 양이 적으니 더 읽어야 할까요? 절대 아닙니다. 리더스북은 듣고 느끼는 동화책이 아니라 내 눈과 입을 통해 글자를 인식하고 뇌에 신호를 보내는 훈련을 위한 책입니다. 첫날부터 훈련을 강도 높게 하면 그 훈련은 오래 지속하지 못하면 실패하기 마련입니다. 아이들의 읽기 훈련에 욕심을 집어넣지 마세요. 때가 되면 시작하는 것이고 때가 되면 숙련이 됩니다.

적당량을 매일 읽는 것이 중요합니다. 처음에는 딱 한 권씩만 읽자고 하세요. 다 읽고 나서 더 읽고 싶다고 하면 1-2권 더 진행하세요. 중요한 것은, 이때 아이가 원하지 않으면 멈추세요. 그 대신 영어 듣기를 매일 진행한 것처럼, 동화책을 매일 읽어준 것처럼, 읽기도 매일 해야 합니다.

매일 학습의 힘은 생각보다 강합니다. 습관을 만들어주면 훈련은 수월하게 진행됩니다. 습관을 만들어주기 힘든 이유는 핑계를 대기 때문이지요. 엄마가 오늘 힘들어서, 엄마가 바빠서, 아이 숙제가 많아서라는 이유는 사실 핑계입니다. 리더스북 1권 읽는 시간이 오래 걸리지 않기 때문입니다. 하루에 5-10분도 내지 못할 만큼 바쁜 엄마와 아이는 없어요.

1주일씩 분량을 늘려주세요. 꼭 1권씩 늘리지 않아도 됩니다. 잘 읽고 좋아한다 싶을 때마다 1권씩 늘려주세요. 그러다 보면 10권은 금방 채워집니다. 엄마와의 훈련은 감정이 우선입니다. 엄마들이 학교 다닐 때 공부했던 것처럼 억지로 채우지 않습니다. 아이가 힘이 들 때나 읽기 싫어하는 날에는 멈추거나 양을 줄여주셔야 합니다.

엄마표 영어를 하는 이유는 정서적인 안정감과 편안함이 첫 번째 이유인 것 잊지 마세요. 우리는 한글책 못 읽는다고 화내지 않습니다. 때가 되면 읽겠지 하고 그냥 두지도 않습니다. 그저 묵묵히 한 줄씩 늘려나가는 것이 답입니다.

아이들이 읽기에 흥미를 가진다는 것은 실로 엄청난 성과입니다. 앞으로 아이의 인생에 책이 함께할 수 있는 바탕을 만들어주는 것이거든요. 한글책도 영어책도 더듬거리면서 읽는 초기 읽기 책들부터 신경을 써주어야 다음 단계로 넘어갈 수 있습니다. 혼자 읽는 아이와 우리 집 아이를 비교하지 마세요. 오히려 엄마표 영어를 하는 엄마는 아이가 혼자 읽게 두지 말아야 합니다. 따라 읽기가 아무리 훈련이라고 한들 정서적 교감이 있어야 진행 가능합니다.

엄마들의 시선에서 아이를 보지 마세요. 엄마들은 이미 읽을 수 있습니다. 배웠으니까요. 우리는 우리가 배웠던 과정을 너무 쉽게 잊어버립니다. 그리고는 아이가 왜 못 읽는지에 대해 답답해합니다. 배움의 과정에 대한 기억은 앞으로의 아이들의 학습 성향에도 큰 영향을 미칩니다. 아무것도 몰랐던 때를 기억해내세요. 아이를 힘들게 할수록 결국 엄마까지 힘들어진다는 것을 잊지 마세요.

다양한 방법으로 따라 읽기

따라 읽기를 놀이처럼 즐겁게 진행하기란 불가능합니다. 그 대신 방법을 바꾸면서 진행할 수는 있지요. 지루하지 않게 다양한 방법을 이용하세요. 아이들과 읽기를 진행하다 보면 새로운 아이디어가 샘솟습니다. 결국 행동으로 옮겼을 때 답도 나오는 것이에요. 실행하지 않으면 아무것도 얻을 수 없다는 것은 진리입니다.

리더스북은 음원을 듣고 따라 읽거나 세이펜을 활용하기도 합니다. 단순한 읽기를 배울 때 기계의 도움은 반드시 필요합니다. 아이가 스스로 읽기 전 배우는 단계에서는 최고의 조교 선생님입니다. 정확한 소리를 들려주기 때문이지요.

기계를 활용할 때 아이를 혼자 두게 되는 것을 조심하세요. 저도 바쁠 때 세이펜을 쥐어주기도 했으니까요. 누르는 데에만 호기심을 가질 수 있으니 잘 따라 하는지 체크하셔야 합니다. 저는 집안일을 할 때 아이가 세이펜을 누르고 따라 하지 않으면 제가 따라 하면서 분위기를 환기 시켰습니다.

아이 혼자 기계를 활용할 때 글자를 보지 않을 경우가 생깁니다. 반드시 글자를 보고 있는지 확인하셔야 해요. 아이 혼자 잘 읽겠거니 생각하기보다는, 틈틈이 내용을 확인하고 응원을 해주는 것이 좋습니다.

유난히 아이가 읽기 싫어하는 날이 있지요. 그런 날에는 아이들과 번갈아 가면서 읽기를 했습니다. 동화책 같은 경우 문단이 길 때는 대부분을 제가 읽고 나머지 한 문장 혹은 한 단어를 읽게 유도했습니다. 책을 읽다가 단어가 생각나지 않는 척하면서 아이에게 순서를 넘기기도 하고요. 못 읽겠다고 읽어달라고 사정해보기도 하고요. 발음을 일부러 틀리기도 합니다. 목이 아프다고 하면서 아이에게 읽어달라고 하면 첫째나 둘째가 못 이기는 척 저에게 읽어주기도 했답니다.

롤플레잉을 하면서 연극처럼 재미있게 읽어보는 것도 좋습니다. 모 윌렘스의 작품들은 특히 롤플레잉 하기 좋아요. 『Elephant and Piggy』는 너무나 추천하는 책이고요. 『Don't let the pigeon stay up late!』 이름도 긴 비둘기 시리즈는 악동 비둘기가 절대 말을 듣지 않는 이야기인데요. 악동 비둘기의 대사가 긴 편인데도 재밌어서 아이들이 시키지 않아도 따라 한답니다. 그러면서 점점 읽기 능력이 커집니다.

4장

LEVEL 3 혼자 읽기

한 번 더 레벨업하라

1) 영어가 힘들어 보인다면 국어를 체크해라

제 2 외국어를 만든다는 것은 쉽지 않다

영어를 언어로 사용한다는 것은 어떤 의미일까요? 이 책을 읽는 엄마들은 어느 정도의 수준까지 원하고 계실까요? 미국에서는 그들의 국어를 랭귀지 아트(Language Arts)라고 부릅니다. 우리나라에서 칭하는 English와는 달라요. 〈dictionary.com〉에서 정의를 찾아보면 읽기, 쓰기, 철자법, 연극, 작문의 기본 영역인 랭귀지(Language)를 배워서 지식과 정보만 얻는 것이 아니라 의사를 전달, 공유하고 논리적 사고를 만들어 또 다른 소통을 할 수 있게 만들어낼 수 있다는 의미에서 예술(Arts)의 경지에 이를 수 있다고 말하고 있습니다.

언어를 예술의 경지로 올린다는 것은 다방면의 지식이 반드시 필요한 작업이지요. 단순한 지문 독해로는 절대 키울 수 없습니다. 단편적인 지식의 나열은 아이들이 가지고 있는 지식을 엮어주지 못합니다. 이 과정은 지식과 정보만 얻는 과정입니다. 독해 레벨이 올라간다고 해서 아이의 언어 능력 자체가 올라간다고 착각하면 안 됩니다.

논리적 사고를 만들어 또 다른 소통을 한다는 것은 보통의 노력으로 되는 일이 아닙니다. 논리적 사고는 모국어로도 힘듭니다. 말하자면 미국 아이들에게도 어려운 일인데 영어가 외국어인 우리나라 친구들에겐 더 힘든 일이죠.

한 과목이 숙달된다고 해도 반쪽 영어입니다. 수학, 과학, 사회, 역사는 어떻게 할까요. 우리나라 학교에서 국어만 배우는 것이 아니듯 세계 모든 나라에서는 모든 학문을 골고루 가르칩니다. 세상을 살아가는 기본적인 지식들을 알려주는 것이죠.

영어의 모든 영역을 배우기 위해서 선택할 수 있는 방법이 있기는 합니다. 어릴 때 이민이나 유학을 갔거나, 국제학교를 다니면서 외국 생활을 하지 않는 이상 영어를 모국어처럼 활용하기란 불가능합니다. 국제학교는 교육비가 큰 부담입니다. 외국 대학을 목표로 달리는 부유한 집 친구들이 아니라면 엄두를 낼 수 없죠. 그렇게 돈을 쓰고도 실패하기도 하니까요.

우리의 목표는 제 2외국어입니다. 학교 다니면서 중국어, 일어, 불어를 배웠던 수준을 말하는 것이 아닙니다. 모국어 다음의 두 번째 언어를 말하는 것입니다. 엄마표 영어는 모국어에 준하는 수준을 지닌 제 2외국어를 만들기 위한 노력입니다.

제 2외국어는 모국어의 발달 없이는 절대 불가능합니다. 하나의 언어가 탄탄하게 서 있어야 새로운 언어를 쌓을 수 있습니다. 그렇기 때문에 엄마표 영어의 방식이 언어의 좁은 문을 통과할 수 있는 최선의 방법이 됩니다.

모든 과목이 편안해야 영어를 쌓을 수 있다

우리나라 초등 교육처럼 미국도 3학년부터 본격적으로 과학과 사회가 시작됩니다. 영어로 과학을 학습하려고 할 때 어떤 준비가 필요할까요. 우리나라 학교를 다니는 것과 똑같이 준비를 하면 됩니다. 3학년 때 과학 과목이 편하려면 2학년 때 과학 책을 읽히는 것이 좋겠죠. 학습으로 접근하지 않고 책으로 시작하게 해주는 것입니다.

엄마표 영어를 위해 처음부터 모국어와 한글책을 강조했던 이유가 여기에 있습니다. 아이들의 취향은 워낙 제각각이어서 모든 책을 골고루 읽지 않는 아이들이 더 많아요. 초등학교 때의 독서는 한 분야만 읽는다 하더라도 편독이라고 걱정하지 않아도 됩니다. 책 읽기의 즐거움을 알기 위한 마중물이기 때문이죠. 여기에 아이의 취향 외적인 부분을 엄마가 채워준다면 이보다 더 좋을 수는 없습니다.

처음 듣는 지식을 영어로 배워야 한다면 효율이 좋을 수가 없습니다. 1시간 앉아 있다고 같은 양을 습득하는 것이 절대 아닙니다. 마찬가지로 교실에 앉아 있는 아이들이 독서로 예습을 한 아이와 하지 않은 아이의 습득능력은 차이가 납니다. 당연한 이야기지요. 그런데 왜 책을 안 읽히는 것일까요. 사정은 누구에게나 있지만 순간을 극복하면 발전하고 핑계가 되면 그 수준에 머물게 됩니다.

엄마표 영어를 진행할 때 모국어로 채워준 지식은 영어를 학습하면서 한 번 더 사용됩니다. 한 번의 지식 습득으로 두 번의 활용을 할 수 있다는 것은 굉장한 일이죠. 영어로 모든 과목을 학습할 수 있는 방법은 많습니다. 온라인으로도 충분히 학습할 수 있는 콘텐츠가 넘쳐납니다. 단지 준비가 되어 있지 않으면 아무것도 할 수 없습니다. 코로나가 터지고 시간이 흐르면서 정말 수준 높은 온라인 수업들이 수면 위로 올라왔습니다. 이때 준비가 된 아이들만 그 수업들을 찾아 들을 수 있겠죠.

모든 과목이 편안할 수 있게 독서를 골고루 시켜주세요. 아이들의 독서 목록에 관심 없는 분야의 좋은 책들을 추가해주세요. 요즘의 책들은 구성 또한 점점 좋아져서 아이들의 호기심을 유발하기에 충분합니다.

모든 과목이 편해야 영어를 쌓을 수 있습니다. 모국어의 수준이 높아야 영어 습득이 수월합니다. 기본 과목인 국어, 수학, 사회, 과학을 챙겨주세요. 제 학년보다 살짝 높은 독서로 아이들의 배경지식을 넓혀주세요. 그래야만 영어의 수준을 올릴 수 있습니다.

엄마표 영어를 시작한 이유가 단지 단순한 소통이라면 학과 과목을 공부할 필요가 없습니다. 회화 책 수준의 리딩을 시키고 영어 회화 수업만 주구장창 하면 가능합니다. 미국이라고 모든 사람이 학습을 하는 것은 아니니까요.

영어와 국어의 연결고리

캐릭터, 이벤트, 세팅(Character, Event, Setting)은 영어권에서 하나의 수업으로 분류가 됩니다. 이 수업을 들었을 때 영어만으로도 이해가 될 수 있습니다. 그렇지만 이것이 인물, 사건, 배경이라는 우리말로 전환되지 않는다면 이 또한 반쪽 영어입니다. 모국어와 외국어의 연결다리가 없다면 두 언어는 융합될 수 없기 때문이죠.

수학에서도 마찬가지입니다. 홀수, 짝수 수업을 너무나 재미있게 들었던 아이가 퀴즈도 다 맞춰놓고 Odd Number, Even Number를 물어봤을 때 처음 듣는 표정이라면 어떠시겠어요. 그나마 절반이라도 알고 있으니 다행이다 하실 건가요?

모국어와 외국어는 동시에 성장할 수 있습니다. 게다가 동시에 성장할 때 시너지가 더 커집니다. 자연스러운 대화를 하길 바라면서 자연스러운 지식의 연결은 왜 생각하지 않나요? 모두가 원하는 편안한 영어라는 것은 절대 단순 회화만으로 채워지지 않습니다. 영어와 국어의 균형은 그만큼 중요합니다. 반쪽의 성공이 되지 않으려면 연결고리를 잘 이어주어야 합니다.

　국어를 잘하는 아이가 영어도 잘합니다. 영어의 성장 속도가 더딘 것 같다면 국어를 살펴보세요. 어휘를 챙겨야하고, 수준별 지식을 나이에 맞게 학습도 해야 합니다. 엄마표 영어의 결과는 당장 나오는 것이 아닙니다. 그러려고 시작한 것도 아니고요. 영어와 국어의 성장의 속도를 맞춰 키워가면서 결국은 제 2외국어로 영어를 정착시키는 것이 목표입니다.

2) 재미있는 책은 최고의 선생님이다

책 읽기 자체를 재미있게 만들자

아이가 언제부터 혼자 읽을지 아는 엄마는 없습니다. 그것은 아무도 모르는 일이죠. 그날이 오기를 기다리면서 하루하루 책을 읽어주던 엄마가 바로 저입니다. 우리 아이들은 유난히 제가 읽어주는 것을 좋아했습니다. 읽기 독립을 바랐지만, 마음대로 되진 않았어요.

혼자 읽기가 가능한 수준이 되었어도 엄마를 찾는 횟수가 조금 줄었을 뿐 계속 저에게 읽어달라고 했습니다. 지금 생각해보면 재미와 이해를 충족 시켜주었던 것이 엄마라서 그랬던 것 같습니다.

엄마는 아이들의 눈높이에 맞춰 책을 읽어줄 수 있습니다. 기계적인 장치들은 아무리 흥미롭다고 해도 녹음된 소리만 들려주잖아요. 같은 부분에서 같은 반응을 할 수밖에 없습니다. 동화책을 보면서 아이는 볼 때마다 새로운 생각을 하는데 기계는 한결같습니다.

아이에게는 독서를 할 때 엄마를 대신할 수 있는 도구가 없는 것입니다. 책을 읽을 때마다 다르게 해석되는 자신의 생각을 표현하고 싶어 합니다. 책을 읽은 후에는 대화까지도 하고 싶습니다. 이 모든 것을 품어줄 사람은 엄마밖에 없지요.

아이들을 위해 최선을 다해 책을 읽어주는 것이 독서에 재미를 붙여줄 수 있는 최고의 방법입니다. 우리 아이들이 엄마에게 들고 오는 책은 단순한 영어 동화책부터 챕터북의 전 단계인 얼리 챕터북까지 다양했습니다. 어떤 책을 들고 오더라도 아이 둘을 옆에 끼고 열심히 읽어주었습니다.

그 와중에 읽기 연습도 시켰습니다. 엄마가 읽어주는 동화에 푹 빠진 아이들은 중간에 읽기를 시키면 스스럼없이 읽습니다. 혼자 읽기 싫었던 책도 엄마와 읽으면 너무나 재미있습니다. 이 과정에서 독서 자체가 재미있는 일이라는 생각을 심어줄 수 있었습니다.

아이들에게 책을 읽어주는 것을 게을리하지 마세요. 책을 탐독하지 않앓던 첫째가 지금은 가리는 종류 없이 자연스럽게 읽게 된 것은 바로 저의 노력 때문이었다고 말할 수 있습니다. 책을 아이에게 붙게 하려고 정말 많이 노력했습니다. 정말 다양한 방법들을 시도해봤는데 책을 읽어준 것이 가장 큰 영향을 미친 것은 분명합니다.

엄마가 읽어주는 책에서 재미를 느낀 아이들은 읽기 독립이 늦을 수 있습니다. 그 재미를 혼자 찾아 간다는 것이 싫기 때문이죠. 읽기 독립이 늦어진다고 조급해하지 마세요. 엄마 목이 조금 더 아프고 나면 자연스럽게 혼자 읽기를 하게 됩니다.

책 읽기 자체를 좋아하는 아이들을 정말 부러워했습니다. 엄마의 노력 덕분인지, 결국 우리 아이가 그렇게 자라더라고요. 아이들마다의 때는 다 다릅니다. 엄마의 노력은 절대 사라지지 않습니다. 혼자 읽기의 시기가 오기 전까지 계속 책을 읽어주세요. 단순한 낭독이 아닌 진심을 다해 책을 읽어주세요.

내향적인 첫째를 홀린 『Charlie and the Chocolate Factory』

앞에서 말했듯 우리 첫째는 꽤 오랫동안 엄마에게 읽기를 강요했습니다. 도대체 언제까지 읽어줘야 되는가 한탄을 할 정도였어요. 8세가 될 때까지 밤마다 한글책과 영어 동화책을 20-30권씩 쌓아놓고 읽어줘야 했으니까요. 아픈 동생 때문에 엄마를 차지할 시간이 적었던 첫째에게는 책 읽는 시간이 소중했을지도 모릅니다. 첫째가 스스로 읽기 시작한 시기는 2학년 말쯤 됩니다. 1, 2학년 때는 동화책, 난이도 있는 리더스북들을 읽었지요. 그러다가 어느 순간 혼자 읽기 시작합니다.

첫째에게 이제까지 읽었던 책 중 가장 재미있는 책을 골라 달라고 했습니다. 그랬더니 바로『Charlie and the Chocolate Factory』을 골랐습니다. 유명하고 대단한 책이죠. 사실 로얄드 달의 전집을 두 번 구매했습니다. 첫 번째 사둔 책이 갱지였거든요. 지금은 종이 종류 가리지 않고 다 읽었지만 그때는 안 보더라고요. 그러다가 컬러버전을 구매했고 로얄드 달에 눈을 뜨게 되었습니다.

음식 책을 그나마 좋아하던 첫째는 '초콜릿'을 보고 읽기 시작했던 것 같습니다. 하루에 다 보지 못하고 챕터를 나눠 읽었습니다. 첫째는 그 책이 재미있다며 좋아했고 영화까지 보게 됩니다. 이 과정에서 저는 아무것도 하지 않았어요. 책이 저희 첫째를 끌어당긴 것입니다. 이래서 재미있는 책은 최고의 선생님이라고 한 것입니다.

혼자 읽기를 싫어하던 아이의 읽기 독립을 시켜주었습니다. 주인공의 행동을 보면서 내향적이던 아이에게 용기를 가르쳐주었습니다. 영화조차 스스로 보게 만들어준 최고의 영어 선생님이죠. 이 책을 읽고 난 뒤 첫째의 독서 패턴이 어떻게 바뀌었을까요? 두꺼운 책도 고르는 데 두려움이 없어지고, 긴 영화를 자막 없이 보는 것도 쉬워졌습니다.

읽기 독립이라는 것은 엄마와 잡고 있던 손을 놓고 책의 손을 잡는 것과 같습니다. 엄마가 해왔던 역할을 앞으로는 책이 하게 됩니다. 재미있는 책을 골라주세요. 남의 아이가 재밌다는 책이 아니라 내 아이의 취향과 성향에 맞는 책을 골라주어야 합니다. 그래야 책이 아이의 손을 붙잡고 놓지 않습니다.

하나만 파는 둘째의 책 『Dog Man』

『Dog Man』은 미국 작가이자 만화가인 데브 필키가 쓴 코미디 그래픽 소설 시리즈입니다. 흔히 그래픽 노블이라고 불리는 장르는 만화와는 다릅니다. 형식은 만화와 소설의 중간 형식이고, 이야기의 구조가 만화 보다 탄탄한 서사구조를 가집니다.

『Dog Man』이 우리 집 거실로 들어온 지 2년은 되어가는 것 같습니다. 원래는 작가의 다른 작품인 『Captain Underpants』도 같이 있었는데 이 책은 애니메이션만 보고 책을 안 보더라고요. 아이들의 재미 범주에 들지 못한 것이죠. 『Dog Man』은 처음 집에 들어왔을 때부터 지금까지 둘째의 가장 큰 사랑을 받고 있습니다.

같은 책을 주기적으로 반복해서 보기란 쉽지 않습니다. 재미가 있어야만 가능하죠. 쉽사리 책을 읽지 않는 둘째에게는 『Dog Man』이 독서 선생님인 것입니다. 언어 습득의 기본 원칙인 반복을 가능하게 해주니까요. 이 책은 엄마가 읽으라고 하지 않아도 읽으니 저의 잔소리도 필요가 없습니다. 그냥 문득 생각나면 시리즈 중 한 권을 뽑아들고 읽기 시작합니다.

자율적인 독서를 가능하게 하는 것도 결국 책의 역할입니다. 그 전 단계까지는 엄마가 해 줄 수 있지만 스스로 읽기 시작하려면 책의 힘이 절실히 필요합니다. 아이를 마법처럼 끌어당기는 책은 반드시 존재합니다.

『Dog Man』은 둘째에게는 미술 선생님이기도 했어요. 캐릭터를 따라 그리고 잘라서 롤플레잉을 하고 놉니다. 만화도 새로 만들고요. 시키지 않아도 가능한 것은 바로 재미가 있기 때문이지요. 재미있는 책은 최고의 선생님이 되어줍니다.

3) 정보의 홍수 속에서 아이의 취향을 골라내라

재미는 취향입니다

흘려듣기를 시작한 후 혼자 읽기 단계까지 오려면 수년의 시간이 걸립니다. 그동안 아이의 생각도 커졌고 영어는 일상이 되었을 것입니다. 저희 아이들은 영어를 싫어한 적이 한 번도 없어요. 그것이 제가 가장 잘한 일이라고 생각합니다.

주변 이야기를 들어보면 엄마표 영어를 하다가 아이와 감정이 틀어지거나 중간에 영어를 거부하는 경우를 많이 봅니다. 학습이라는 것 자체를 접근할 때 주의해야 하는 점입니다. 아이들은 단순합니다. 내가 소화시킬 수 있는 정도는 받아들이고 과한 내용은 거부합니다.

거부의 신호를 알아채지 못하면 영어에 대한 안 좋은 감정이 쌓이게 되고 결국은 아이는 영어를 놓게 됩니다. 너무나 당연한 말이지요. 영어가 일상이 되어버린 우리 아이들의 경우를 생각해보았습니다. 좋고 싫고의 감정이 아닌 편안한 상태가 바로 일상입니다. 왜 이 아이들은 영어를 싫어하지 않을까라는 질문을 하며 과거를 되짚어 봤습니다.

저는 아이들에게 제안을 했지 강요를 하지 않았습니다. 이런 책이 있으니 읽어보자고 권하였다가 아이가 읽지 않으면 더 이상 말하지 않았습니다. 취향이 맞지 않은 책은 읽어도 머릿속에 들어오지 않을 테니까요.

아이들이 커가면서 재미만 찾을 수 없다고 질문을 하면 저는 재미의 정의를 다시 내려줍니다. 엄마표 영어를 시작하고 최소 5년까지는 억지로 책을 읽을 수 없고 읽어도 소용이 없습니다. 제가 말하는 재미는, 책이 아이에게 붙게 될 때까지는 재미가 최우선이어야 한다는 것입니다. 즉 영어가 내 것이 되는 시간까지는 취향을 계속 찾아줘야 하는 것이죠.

아이가 어떤 분야를 좋아하냐고 물어보면 대답을 못하는 엄마들이 많습니다. 그러면서 책 추천을 바라는 것은 어불성설입니다. 관심사를 알아야 확장을 해줄 수 있는 것은 너무나 당연한 말이에요. 이런 엄마들은 아이들을 사랑하지 않는 것이 아니라 아이를 관찰하지 않았을 뿐입니다.

아이가 새로운 것을 배움에 있어서 엄마의 관찰은 정말 큰 영향을 미칩니다. 실패와 성공은 그 후의 판단일 뿐입니다. 엄마의 관찰이 없다면 아이조차 자신의 관심영역을 확장시킬 수 없으니까요.

5년 넘게 취향에 맞는 책을 읽은 아이는 책 읽기의 재미를 아는 아이가 됩니다. 그러면 그 후에는 어떤 책을 접하더라도 거부감 없이 받아들입니다. 영어책뿐 아니라 모든 분야에서 그런 독서 습관을 키울 수 있습니다.

엄마의 맞춤 컨설팅

첫째는 의사 표현을 분명하게 하는 스타일이 아니었어요. 아이를 겉을 낳았지, 속을 낳은 것이 아니라는 속담이 딱 맞는 아이였습니다. 도대체 이 친구가 무슨 책을 읽고 지금까지 성장했나 싶을 정도로 좋아했던 책들이 공통성이 없었습니다. 제가 검색의 왕이 된 것은 다 우리 첫째 덕입니다.

검색을 할 때 기본적인 정보가 필요합니다. 아무 정보도 없이 검색하는 것은 시간 낭비입니다. 아이의 정보를 수집하기 위해서 유치원 다녀오고 하는 이야기부터 귀를 기울였습니다. 정말 보통의 남자아이였던 첫째는 유치원과 학교생활을 같은 반 여자 친구의 엄마들이나 선생님께 들어야 할 정도로 자기의 이야기를 하지 않았어요. 그래서 첫째가 드문드문 말하는 이야기들은 꼭 귀담아 들었습니다.

영상을 볼 때도 어떤 영상을 자주 보고 있나 확인을 하고 동생과 놀 때는 어떤 놀이를 하면서 마음을 표현하는지 살폈습니다. 그렇게 조금씩 정보를 수집했어요.

『Star, Star, Star』를 보고 난 후 태양계에 대한 이야기를 하면서 즐거워하면, 저는 늦은 밤 자료를 검색하기 시작합니다. 원서 사이트에 들어가서 'Solar System'을 검색어로 입력합니다. 단순한 보드북부터 조금 전문적인 내용이 들어간 책 까지 4-5권을 구매했습니다. 어느 책을 좋아할지 모르니까요. 돈 낭비 같아 보이나요?

이미 쉬워졌을 보드북, 스토리 북을 구매하는 이유는 쉬운 책이 진입 장벽이 낮기 때문입니다. 아이의 수준에 딱 맞게 책을 구매하는 것보다 어떤 지식이든 살짝 쉬운 책부터 진행하는 것이 좋습니다. 만만하기 때문에 재미를 찾기 쉽습니다.

그리고 쉬운 책으로 만든 재미가 어려운 책까지 읽게 하는 마법을 부립니다. 책마다 나오는 어휘들은 다 같지만 설명하는 방식이 다릅니다. 여러 권의 책을 읽다 보면 자연스럽게 어휘들의 쓰임을 알게 되고 지식의 확장까지 이어지게 됩니다.

집착 같아 보이시나요? 이 정도의 관심은 당연히 필요합니다. 아이는 어리고 자신이 무엇을 좋아하는지 몰라요. 엄마만이 찾아줄 수 있는 것입니다. 내가 어느 분야에 관심이 있는지 골고루 다 접해봐야 진짜 취향을 찾아가겠죠.

아이들이 표현했던 것을 잊지 않고 최대한 빨리 챙겨주어야 효과가 큽니다. 호기심은 살짝 머리를 보였다가 금방 숨어버리거든요. 'Solar System' 책을 보여줬다고 해서 우리 첫째가 천문학에 관심이 생긴 것은 전혀 아니에요. 다만 자기와의 대화에 집중한 엄마에게 고마워하고, 이런 분야가 있다는 것을 알게 되는 것에 의미가 있어요.

저는 이것이 컨설팅이라고 생각합니다. 초등학교 고학년이 넘어가면서 받게 되는 학습 컨설팅과는 다른 의미입니다. 엄마의 맞춤 컨설팅은 평생 함께할 영어의 바탕을 만들어주는 아주 중요한 과정입니다.

정보의 가뭄보다는 홍수가 낫다

아이의 레벨이 올라갈수록 엄마의 고민은 커갑니다. 어떤 책을 읽어야 하고 어떤 교재를 통해 학습을 해야 하는지 머리가 아픕니다. 이제 학원을 보내야 하나 하는 생각도 하게 되죠. 엄마표 영어를 제대로 한 아이들의 경우 엄마의 생각보다 영어 실력이 훨씬 높게 나오기 때문에 이 고민은 더 커집니다. 소위 말해 '큰물로 보내야 하는 것 아닌가' 하는 생각이 엄마를 사로잡게 됩니다. 저도 대치동의 대형 어학원 테스트를 주기적으로 보면서 확인을 하던 때가 있습니다. 지금은 더 이상 테스트에 집착하지 않아요. 자연스러운 성장을 믿게 되었으니까요.

어렸을 때 하던 검색과는 또 다른 검색어들을 만나면서 낯설기도 하고 행복하기도 합니다. 이제 첫째가 듣는 영어 수업의 수준은 제 귀에 들어오지 않는 수준이 되었거든요. 그렇다고 엄마가 두려워할 필요는 없습니다. 우리는 영어를 가르친 것이 아니라 코칭을 했기 때문이죠. 코치는 선수보다 운동을 잘해야 하는 것이 아니라 선수가 운동을 잘할 수 있게 챙겨주는 사람이라는 것을 잊지 마세요.

정보의 가뭄보다는 홍수가 낫습니다. 코로나 팬데믹이 2년 넘게 지속되면서 정보가 더 쏟아지고 있었습니다. 아무것도 없는 황무지보다는 정보가 넘쳐나는 것이 훨씬 낫다는 것 아셔야합니다. 엄마표 영어를 시작하던 초기에 주변의 도움도 받을 수 없던 저는 오로지 구글과 네이버, 책들로 정보를 찾았는데요. 막막하던 때가 한두 번이 아니었습니다. 지금은 오히려 정보 찾기가 수월해졌어요. 눈에 띄는 곳이 많아졌고 선택지도 많아졌습니다.

정보의 선택은 언제나 성공과 실패의 확률이 반반입니다. 엄마표 영어라고 해서 실패를 많이 하는 것이 절대 아닙니다. 오히려 실패를 하더라도 자리를 다시 찾아가는 것은 엄마표 영어를 할 때 더 수월합니다. 정보 찾는 것을 게을리하지 마세요. 다음 단계를 미리 준비해 주세요. 아이의 영어는 언제 계단을 뛰어 오를지 모릅니다.

4) 독서 퀴즈, 언제, 어떻게 시작할까?

학습보다는 재미가 먼저

이 책의 시작부터 끝까지 재미 이야기만 하고 있습니다. 여기서 재미는 쉽고 웃기기만 하는 것을 말하는 것이 아닙니다. 재미는 새로운 관심사를 찾을 때 반드시 필요한 부분이고 힘든 과정을 이기게 해주는 동반자가 되어주기도 합니다. 슬럼프에 빠졌을 때 우리 아이들에게 손을 내밀어주기도 합니다.

학습의 단계에 들어가기 위해 재미는 필수입니다. 아이들이 새로운 지식에 빠져들 때 반드시 필요하죠. 반대로 빠져들지 못하게 차단시켜버리는 것은 무엇일까요? 엄마의 강요와 학습에 대한 부담감입니다.

하지 말아야 하는 실수가 그것입니다. 자꾸 확인하려고 하지 마세요. 아이가 재미를 느끼다가도 멈춰버리게 됩니다. 어떤 아이는 자기가 잘하는 것을 엄마가 알게 되면 난이도가 올라간다는 것을 알아서 일부러 모른 척 하기도 합니다. 이런 상황을 원하진 않으시겠지요.

저도 아이들 어릴 때 실수를 했던 적이 있습니다. 첫째 1학년 때 GR1 온라인 수학 수업을 재미있게 듣고 있길래, 정말로 애가 아는지 궁금했어요. 그래서 "너 Subtract가 뭔지 알아?"라고 물어봤더니 저를 그것도 모르냐는 듯이 쳐다보면서 "빼기!"라고 말하고는 다시 수업을 듣더라고요. 엄마들은 아이가 아는지 모르는지 확인을 하려고 합니다. 정답을 알고 있는지 늘 궁금해 하지요. 엄마의 입장에서는 정답이지만 아이들의 입장에서는 간섭일 수 있어요. 당연히 레벨이 올라가면 평가도 필요하고 알고 있는지 체크도 필요합니다.

퀴즈에 목매지 말자

많은 독서 퀴즈 사이트들이 있습니다. 책을 읽고 퀴즈를 풀어서 내용을 잘 아는지 체크하는 것이 목적입니다. 독서 후 독해력을 체크하는 일은 반드시 필요합니다. 그렇지만 모든 책들을 체크할 수는 없고 아이의 실력과 영어 노출기간을 따져가며 퀴즈를 해야 합니다.

독서 퀴즈를 시작하는 시기가 오기까지 이것 또한 연습이 필요합니다. 엄마와 감상을 나누는 시간동안 독해 능력이 커지게 됩니다. 말하기를 좋아하거나 감수성이 풍부한 아이들 같은 경우는 아주 좋은 방법이 됩니다.

오히려 감상을 나누는 것도 부담인 경우가 있어요. 저희 아들은 책을 읽고 내용이나 감상을 물어보면 '재밌어.'라는 말만 했습니다. 그럴 때마다 제가 정말 답답했거든요. 생각해보면 제 아들도 답답했을 것 같습니다. 도대체 엄마가 원하는 대답이 무엇인지 고민했을 것 같더라고요. 책을 읽고 감동을 받아야만 하는 것은 아닙니다. 엄마의 질문은 아이의 생각을 강요하는 태도가 되기가 쉬워요. 이처럼 독후 활동은 정말 조심해야 할 것들이 많답니다.

문제 푸는 것은 누구나 귀찮습니다. 거기다가 영어로 된 퀴즈는 아이들에게 위압감을 주기도 합니다. 아이가 퀴즈가 싫어서 도망가는 것이 풀기 싫어서만은 아닙니다. 문제 자체를 이해 못 해서 그럴 수도 있습니다. 특히 이해를 했는지 물어보는 독서 퀴즈의 경우에는 감상을 말하는 것 보다 부담이 더 크게 다가올 수 있습니다.

독서 퀴즈에 목매지 마세요. 동화책 수준부터 독서 퀴즈가 있는데, 굳이 풀지 않아도 됩니다. 어차피 물어보는 것들도 간단한 어휘입니다. 동화책은 글과 그림으로 느끼면서 내용을 알아가는 책입니다. 이것마저 확인 체크를 하는 것은 너무나 의미가 없습니다.

제가 추천하는 독서 퀴즈의 수준은 스스로 읽기 시작한 후 최소 1년부터입니다. 그리고 그 1년간 얼마나 촘촘히 독서와 노출을 지속했는지에 따라 또 달라집니다. 그 후, 2년 후부터는 반드시 독서퀴즈가 병행되는 것이 좋습니다.

북리뷰를 쓰거나 북클럽 수업을 하는 경우는 굳이 퀴즈가 필요 없습니다. 내가 내용을 알고 있다는 것이 증명되기 때문이에요. 모든 아이들의 성장과정이 다르기 때문에 적용되는 부분은 다 다릅니다.

엄마표 영어를 하는 아이들은 해석이라는 것을 직접적으로 해보지 않았습니다. 그림으로 느끼고 언어 자체로 이해했습니다. 우리말 해석의 단계가 필요 없는 것이죠. 하지만 3점대 이상의 수준으로 올라가게 되면 아이들이 제대로 이해 못 하는 내용들이 나오게 됩니다. 우리나라 3학년 이상이 읽는 한글책도 읽고 나서 이해 못 하는 것처럼 말입니다.

한글 해석을 하는 것이 아니라 독서를 하고 독해 퀴즈를 풀면서 내용을 재확인하고 부족했던 부분은 무엇인지 체크하는 것입니다. 즉 아이들 스스로 메타인지를 키우는 활동을 하게 되는 것이에요. 그렇기 때문에 일찍 시작할 필요가 없습니다.

퀴즈를 통해 구체적인 내용을 확인해야 되는 이유는 정독을 해야 되는 시기이기 때문입니다. 전체적인 흐름만 파악하고 세부적인 내용들을 흘려보내면 독서의 의미가 없습니다. 그렇기 때문에 AR2점대(미국 2학년 수준의 책)부터는 독서 퀴즈가 아주 유용합니다.

동화책부터 AR1점대(미국 1학년 수준의 책)까지는 사실 책을 읽고 나서 그림을 그리는 것이 더 좋습니다. 단어 하나를 외우고 있느냐가 중요한 시기가 아닙니다. 책의 내용을 전반적으로 이해하고 느끼고 받아들여야 하는 시기이기 때문에 굳이 독서 퀴즈를 추천하지 않습니다.

독서 퀴즈 프로그램 추천

정말 다양한 프로그램들이 많은데 저희 아이들이 활용했던 것들 중 좋았던 프로그램을 추천 드립니다. 아이들마다 좋아하는 스타일이 달라요. 취향에 맞춰 골라주시면 더 좋습니다.

① 〈AR(Accelerated Reader)퀴즈〉

유명한 르네상스 러닝사에서 만든 퀴즈입니다. 동화책은 없고 종이 책을 읽고 난 후 퀴즈를 풀 수 있습니다. 동화책까지 실려 있는 퀴즈도 서비스하고 있기도 하지만 AR 퀴즈의 사용자가 압도적입니다. 무려 18만 권의 퀴즈를 풀 수 있어요. 양이 방대하고 개인별 아이디를 부여해서 읽은 책에 대한 퀴즈만 풀면 되기 때문에 효율적인 체크가 가능합니다.

우리나라에서는 학원의 부교재 형식으로 많이 활용됩니다. 이제는 개인 아이디를 구매할 수 있으나 가격이 저렴하진 않아요. 요즘은 지역 도서관에서 아이디를 무료로 제공하는 곳도 많으니 꼭 체크해보세요. 저희 지역도 무료로 제공해주어서 아주 유용하게 활용했습니다.

② 〈아이들이북〉

탭을 이용하여 이북을 읽고 활용할 수 있는 프로그램입니다. 레벨별 주제별로 책들이 깔끔하게 정리되어 있고 애니메이션 같은 경우는 우리나라에서 서비스하고 있는 프로그램 중에 가장 많다고 생각합니다. 애니메이션도 퀴즈를 만들어주고 있어서 활용도가 아주 좋습니다. 첫째가 1-2학년 때 가장 많이 봤던 동화책과 영상은 다 여기에 있답니다.

③ 〈라즈키즈〉

미국에서 방과 후로 많이 사용하고 있는 북퀴즈 프로그램입니다. 저희 둘째는 이 프로그램에 있는 〈Head Sprout〉로 파닉스를 익혔고요. 첫째는 사이언스 프로그램을 아주 잘 활용했답니다. 1,000권 이상의 책이 파닉스 단계부터 GR6 단계까지 실려 있습니다. 가성비가 아주 좋아요.

위의 북퀴즈 프로그램만 잘 활용해서도 영어 학원보다 훨씬 가성비 좋은 효과를 누릴 수 있습니다. 아이들이 준비가 되었을 때 바로 시작할 수 있게 미리 살펴보시는 것이 좋습니다.

5) 스스로 읽게 하려면 재미를 부여하라

스스로 읽는 시기가 온다

혼자 책을 읽는 것은 엄청난 일입니다. '엄청난'이라는 수식어가 붙을 만큼의 일이지요. 스스로 책을 읽게 되는 순간부터 엄마표 영어는 아이표 영어로 방향을 바꾸게 됩니다. 동화책과 리더스북까지의 단계를 넘어서서 얼리 챕터와 챕터북들로 독서 목록이 바뀌는 지점이기도 하지요.

이때 아이들마다의 스타일도 다 다릅니다. 저희 첫째는 책 한 권을 몰아서 읽지 않습니다. 저는 재미가 없어서 그런 줄 알았어요. 저 같은 경우는 밤새서라도 다 봐야 되는 성격이라서 첫째를 이해하기 힘들었습니다. 알고 보니 그것도 첫째 나름의 방법이더라고요. 재미는 있지만 내용이 어려울 경우 소화시킬 시간이 필요한 것이었습니다. 내용을 곱씹으면서 읽어야 제대로 된 재미를 느끼는 스타일이었던 것이죠.

아이들이 책을 읽고 나서 엄마에게 내용을 이야기할 때가 있습니다. 그렇다면 그 책은 성공입니다. 어렸을 때는 엄마가 아이에게 많은 내용을 말했다면 이제는 반대의 입장이 되는 것입니다. 엄마와 했던 감정의 공유를 커서도 지속할 수 있는 것은 재미있는 책이기 때문에 가능합니다.

독서를 하면서 얻을 수 있는 가장 큰 장점은 바로 스스로 생각한다는 점입니다. 자신의 생각을 엄마에게 이야기하면서 읽은 내용을 다시 곱씹게 됩니다. 그러면서 자연스럽게 사고력이 늘어나게 되지요. 이 작업이 반복이 되어야 아이들의 수준이 올라가게 됩니다.

스스로 읽는 것은 스스로 생각할 수 있는 시기가 되었다는 것입니다. 생각의 싹을 키워주시고 확장시켜주세요. 혼자 자라는 싹은 없습니다. 햇빛과 비와 거름이 필요합니다. 잡초를 뽑아줄 사람도 필요합니다.

엄마의 역할은 잘 들어주고 아이의 감정에 공감해주는 것입니다. 가끔은 아이와 반대 의견을 내면서 다른 생각을 할 수 있게 도와주기도 해야 합니다. 생각은 사람마다 다르다는 것을 알려주시고 수용할 줄 아는 태도를 키워주셔야 합니다.

아이표 영어로 넘어가는 길은 스스로 읽기라는 단계를 넘어가야만 합니다. 엄마가 영어의 전부였던 시절은 이제 끝이 났습니다. 우리 아이들은 아직도 엄마가 필요합니다. 수동적으로 지식을 받기만 하는 아이가 아니라 능동적으로 소통할 수 있는 단계까지 올라가야 하기 때문입니다.

아이의 발전을 옆에서 볼 수 있다는 것은 축복입니다. 아이표 영어로 넘어가는 길목에서 엄마의 격려와 사랑이 책의 재미를 더욱 크게 만들어 줄 것입니다.

스스로 생각하게 만들자

'스스로'라는 간판을 달았지만 어렸을 적 동화책 읽기와 다르지 않습니다. 엄마와 함께했던 동화책 읽기를 이제는 챕터북으로 혼자 한다는 것만 달라졌을 뿐입니다.

책을 읽기 전 표지와 표지의 그림을 보면서 이야기를 생각해봅니다. 저희 첫째는 꼭 맨 뒷장을 읽어보더라고요. 읽기 전에 본문 내용을 확인하기도 하고 전문가의 평을 읽으며 내용을 기대하더라고요. 이 방법은 표지만 보고 책을 선택하는 우리 둘째같이 취향 분명한 친구들에게 도움이 됩니다. 표지가 자기 취향이 아닐 때 건드리려고 하지 않거든요. 둘째의 경우는 표지만 보고 『오즈의 마법사』가 재미없을 줄 알았는데 읽어보니 달랐다고 합니다. 책 표지에 대한 감상은 책 읽기의 준비운동이 될 수 있으니 재미가 없어 보이는 책이라면 표지 읽기를 꼭 추천해봅니다. 이 과정은 엄마가 같이 해주셔도 좋아요. 동화책 볼 때의 느낌을 살려가면서 한다면 더 좋습니다.

책을 읽는 과정에서는 아이들마다 스타일이 다른데요. 책 읽는 속도가 빠른 경우 종종 내용을 물어보는 것도 괜찮은 방법입니다. 읽었는지 확인하는 검사의 분위기가 아니라 엄마도 궁금하다는 뉘앙스로 물어보세요. 내용 파악을 잘하는 친구라면 상관없지만 독서를 공부로 생각하는 친구들의 경우 책 읽기를 해치우려고 빨리 읽기도 하거든요. 아이의 취향에 맞는 책이라면 이런 걱정을 하지 않아도 되지만 내용이 조금은 무겁고 딱딱한 책도 읽어나가야 되는 단계라면 중간 중간 아이와 생각을 나누는 시간도 가져주시면 좋습니다. 가볍게 분위기가 환기도 하고 생각을 하게 할 수도 있어요.

책을 읽은 후의 독후 활동은 다양하게 있습니다. 독서 퀴즈도 좋고요. 북 리뷰를 써보는 것도 좋습니다. 두 개 다 싫다고 하면 엄마에게 내용이나 감상을 말해보는 것도 좋은 방법이죠. 책을 읽고 하는 모든 행위는 생각을 기반으로 이루어집니다. 유명한 원서라면 영화를 찾아보는 것도 특히 좋겠지요. 특히 한글책도 수준이 높아지면서 아이들이 접근하기가 힘들 때는 이런 방법을 이용하면 좋습니다. 영어책도 한글책도 같이 성장하는 것을 느끼실 겁니다.

책을 끝까지 읽을 수 있게 장치들을 만들어주세요. 한 권의 책을 끝까지 읽어가는 과정 또한 훈련입니다. 마라톤을 끝까지 달려본 사람만이 전체 코스에 대해서 말할 수 있는 것처럼 아이들의 생각도 마찬가지입니다. 내용의 기승전결을 다 겪어보아야 생각이 자라게 됩니다.

스스로 읽는 재미

생각이라는 것은 내 의견을 말할 수 있는 바탕입니다. 의견을 말하지 못하는 아이들이 정말 많습니다. 영어권의 문화에서는 자기 의견이 분명해야 합니다. 영어를 배운다는 것은 내 생각을 표현해야 한다는 것과도 같은 말이 됩니다. 우리나라의 문화도 예전과 달리 변해가고 있습니다. 우리 아이들은 자기 의견을 드러내야 하는 세상에 살고 있어요.

독서를 통해 생각하는 힘을 길러줘야 합니다. 여기서 빠질 수 없는 것이 재미입니다. 모든 책이 재미있는 사람은 없을 것입니다. 우리 아이들이 읽는 책도 늘 재미있을 수는 없습니다. 가끔은 딱딱하고 무거운 책을 봐야 하는 경우도 생길 거고요. 그럴 때 필요한 것이 읽는 자체의 즐거움입니다.

첫째는 어떤 책을 잡아도 끝까지 읽습니다. 분량을 나눠서 며칠 동안 읽어냅니다. 그러다 보니 서너 권의 책을 동시에 읽을 때도 있어요. 처음에는 내용이 섞일까 봐 걱정을 걱정했는데 이 또한 의미 없는 걱정이었습니다.

읽기 자체 대한 재미가 어떻게 만들어졌는지 곰곰이 생각해보았습니다. 첫째는 스스로 읽기 시작했을 때부터 거의 매일 책을 읽었습니다. 이북으로도 읽고 페이퍼 북으로도 읽었습니다. 그때는 하루에 많이 읽지 않으니 책을 좋아한다고 생각하지 않았고 하루 독서 분량을 어떻게 늘려줄까만 고민을 했었어요. 그게 아이의 성향임을 안 것은 한참 뒤였습니다.

꾸준한 읽기를 진행하면 재미가 생길 수밖에 없습니다. 매일 읽는 것이 힘들다는 핑계는 통하지 않는다는 것은 이미 아시죠? 독서의 재미를 알게 해주는 데는 긴 시간이 필요한 것이 아닙니다. 하루에 10분, 20분씩만이라도 꾸준한 독서를 하는 것이 비결입니다.

처음에는 독서의 지속을 위해 재미있는 책이 필요합니다. 취향을 살피고 맞는 책을 볼 수 있게 해야 합니다. 그것이 시작이 되어 꾸준한 독서를 하다 보면 독서 자체의 재미를 느끼는 순간이 오게 되는 것입니다.

독서의 재미는 아주 조용히 찾아옵니다. 밤새 아무도 모르게 함박눈이 쌓이는 것처럼 찾아오죠. 함박눈은 시간을 두고 하나, 하나 쌓일 뿐이라는 것 기억하세요. 그렇게 밤새 내려야 다음 날 신나게 눈 놀이를 할 수 있습니다. 우리 아이들의 책 읽기도 그렇게 쌓아주세요.

6) 픽션과 논픽션을 골고루 챙겨주자

첫째는 문학책을 그다지 좋아하지 않았습니다. 어렸을 적에 동화책은 많이 봤는데 동화책 이후에 스토리를 가진 책들은 인기 있는 책들을 구해와도 반응이 시큰둥했습니다. 8세 이전까지 엄마가 읽어주던 때 이후로는 재미를 못 느꼈던 것 같아요. 이북으로 퀴즈를 위해 푸는 책들만 근근이 읽었지요. 그나마 그렇게라도 읽어줘서 고마워할 정도였습니다.

그런 첫째에게 오히려 비문학 책이 통했습니다. 비문학 책들은 어휘부터가 어렵기 때문에 기초 단계에서 읽히기란 쉽지 않아요. 기초단계에서는 수학과 과학의 개념이 나와 있는 보드북으로 재미를 붙여주기 시작했습니다.

반대로 둘째는 과학 쪽 흥미가 없는 편이에요. 재미있는 스토리를 보는 것을 좋아합니다. 이렇게 다른 두 아이가 공통적으로 좋아했던 것은 엄마와 동화책 읽는 것이었습니다. 그리고 그 이후 단계에 보던 플랩북과 퀴즈북들로 비문학 분야에 재미를 붙여주었어요. 아이들의 비문학을 채워주었던 교재와 책들을 알려드리려고 합니다.

① 『Evan Moor』 홈스쿨링 교재

아이들이 유치원 시절에 정말 재미있게 활용했던 교재입니다. 홈스쿨링 전문 교재이다 보니 단어부터 과학까지 모든 과목을 학습할 수 있어요. 처음 이 교재를 봤을 때 영어 문제 보고 화들짝 놀랐던 것이 생각납니다. 도대체 이걸 어떻게 풀릴까라는 고민이 가득했지만 아이들은 즐겁게 활동하더라고요. 문제를 이해 못할 때는 우리말로 돌려서 설명해주곤 했답니다. 엄마표 영어를 시작하고도 최소 3-4년 이후에 도전하는 것을 추천합니다. 우리 아이들인 Kinder 단계에서 GR2 단계 정도까지 활용했어요. 다양한 시리즈를 활용했었는데 〈skill sharpeners〉 시리즈를 가장 좋아했어요.

② 'DK' 출판사의 지식 책들

'DK'는 사전으로 정말 유명하지요. 여러 가지 도감도 정말 많습니다. 보드북부터 전문 분야의 책까지 없는 게 없어요. 아이들이 관심분야가 생길 때 이 출판사의 책들이 많은 도움이 되었습니다. 첫째는 우리 몸에 관심이 많은 아이여서 다양한 레벨별로 책을 구매했습니다. 『Amazing Visual Math』 같은 경우에는 도형들을 입체로 만들어볼 수도 있어요. 도형의 기초 어휘들도 배우면서 손으로 직접 만들어볼 수도 있어서 아이들이 정말 좋아하는 책입니다.

③ 'Usborne'의 플랩북

플랩북이란 두꺼운 종이로 만들어진 책장마다 접힌 부분을 펼쳐서 볼 수 있도록 만들어진 책입니다. 제가 사랑하는 플랩북들은 모두 이 출판사의 책들입니다. 과학, 수학 할 것 없이 세상의 모든 지식을 쉽고 재미있게 설명해줍니다. 문제를 읽고 플랩을 열면 답이 나오는 형식인데 지식 책을 싫어하는 둘째도 너무 좋아했어요. 플랩북들은 한글책과 쌍둥이로 활용하기도 정말 좋습니다. 어려운 단어들이 많이 나오는데 한글책과 비교하면서 배우면 이해도 더 쉽답니다.

④ 『Let's Read and Find Out』 시리즈

하퍼 콜린스 출판사에서 나온 과학 리더스입니다. 이 책은 2점 후반 대

(미국 초등 2학년 2학기 수준)부터 5점 후반(미국 초등 5학년 2학기 수준)까지의 얇은 과학 책들이 무려 118권으로 구성되어 있어요. 어휘의 수준이 살짝 높기 때문에 이런 책을 읽기 위해서는 한글 배경지식이 꼭 필요하겠죠. 리더스로 분류되지만 초기보다는 읽기를 시작하고 3년 차 정도부터 시작하는 것을 추천합니다. 물리, 화학, 지구과학, 생물 분야를 골고루 다루고 있는데 생물 분야의 책이 압도적으로 많습니다. 비문학 어휘라 레벨이 높지 전체적으로 아이들이 보기 힘든 책은 아니에요.

문학책이 재미없는 아이들에게

이제는 문학 책도 무리 없이 읽는 첫째지만 스토리가 있는 책들을 정말 좋아하지 않았어요. 동화책을 재미있게 봤던 아이인데도 맞는 책을 찾아주기가 힘들었습니다. 유명한 책들은 우리 집에서 인기가 없었답니다. 오히려 챕터북으로 넘어와서부터 문학을 읽기 시작했어요. 둘째도 마찬가지였습니다. 누구나 한 번쯤은 보고 넘어간다는 『Nate the Great』, 그렇게 재밌어서 비문학 지식 책까지 나온 『Magic Tree House』, 그리고 모르는 아이가 없을 정도인 『Harry Potter』도 찬밥이었습니다. 그 와중에 재미를 느꼈던 책들을 소개해드릴게요.

① 줄리아 도널드슨의 동화책 세트

쉽지도 않고 어렵지도 않은 동화책입니다. 엄마와 같이 읽기도 좋고 혼자 읽기에도 부담이 없습니다. 줄리아 도널드슨은 『Room on the Broom』을 쓴 작가인데요. 동화들의 내용이 정말 유쾌합니다. 악셀 쉐플러의 삽화는 우리 아이들이 가장 좋아하는 삽화가 중 한 명입니다. 그림이 귀엽고 사랑스럽거든요. 스스로 읽기 1년 차 정도가 되면 혼자 읽을 수 있습니다. CD가 포함된 세트가 출간이 되어서 미리 구매해서 듣기부터 활용해도 너무 좋습니다.

② 『The Bad Guys』 시리즈

『The Bad Guys』는 에런 블레이비가 그린 어린이용 그래픽 노블 시리즈입니다. 2점 중반 책으로 스스로 읽기 1-2년 차에 맞는 책입니다. 영화로 나올 만큼 인기가 많은 책이에요. 이 책도 선택한다면 영화를 나중에 보여주는 것을 추천합니다. 그래픽 노블이라 할지라도 영상으로 만들어진 것을 먼저 보면 책이 시시해지기 마련입니다.

③ 『13 Story Tree House』 시리즈

둘째의 사랑을 받았던 작품이에요. 첫째는 또 찬밥이었습니다. 개구쟁이 아이들의 상상력이 모두 모인 나무집 이야기입니다. 시리즈가 13, 26, 39, 52, 65, 78, 91, 104층까지 나와 있는 상태에요. 이 책을 읽히신다면 한글책보다 영어책으로 먼저 읽혀주세요. 한글책을 먼저 읽으면 영어책을 읽지 않으려고 할 거예요.

④ 로알드 달의 작품들

로알드 달의 작품은 골고루 사랑을 받았어요. 앞에서도 이야기 했었지만 작품을 구매하신다면 반드시 컬러로 구매하시는 것을 추천드려요. 퀜틴 블레이크의 일러스트들은 컬러로 봤을 때 훨씬 아이들의 흥미를 돋아주니까요. 동화책은 절대 아닙니다. 스스로 읽고 최소 2-3년부터 추천합니다.

7) 혼자 읽을 때도 엄마의 세심한 관심은 필요하다

관리자의 역할

이제 아이의 독서는 스스로 자립해나갈 준비를 합니다. 그렇다고 엄마의 역할이 끝난 것은 아닙니다. 수준에 맞는 책과 영상들을 골라주어야 합니다. 아이의 지적 수준과 정신적 수준을 고려해서 말이죠. 머리로는 이해하지만 마음으로는 이해하지 못할 것들이 많은 시기이기도 합니다. 아이들의 정서를 위해서 엄마의 관심은 아직 필요합니다.

저의 유튜브 계정에는 파닉스 채널부터 전문적인 과학 영상 채널까지 동시에 존재합니다. 우리 아이들은 몇 년 전에 봤던 채널들을 다시 보기도 하고요. 지식의 양은 늘었지만 아직 행동은 다 크지 못한 아이들이라 더욱 세심하게 책과 영상을 골라줘야 합니다.

새로운 책을 골라줄 때 어떻게 하면 좋을까요? 이제 수준도 높아졌기 때문에 아이가 읽을 책을 다 읽어볼 수는 없습니다. 그럴 시간도 없고요.

그럴 때는 아마존이나 원서 판매 웹사이트를 이용하면 좋습니다. 이런 전문적인 웹사이트에는 책의 권장 연령이 나와 있어요. 권장 연령은 난이도 보다는 정서상의 나이에 맞춰져 있습니다. 어차피 초등 고학년이 읽을 챕터북과 노블들은 5-6점대(미국 5-6학년 수준)에 포진되어 있습니다. 초등학생이 아니라 중학생들이 읽는 책들도 7점이 넘어가지 않아요. 즉 초등 고학년의 어휘 수준 정도이면 말이 어려워서 읽지 못하진 않는다는 말입니다.

더불어 우리 아이가 정서적으로 받아들일 수 있는 수준인지 줄거리를 다시 확인해야 합니다. 웹사이트에도 대강의 내용은 나오지만 네이버에서 책을 검색해서 후기들을 살펴보는 것이 좋습니다. 아니면 학생과 학부모들이 많은 학습 관련 카페에서 검색을 하면 정말 많은 정보들을 얻을 수 있어요.

엄마는 관리자입니다. 관리자는 모든 것을 참견하는 사람이 아닙니다. 아이의 주변을 살피고 좋은 콘텐츠를 찾아주는 것이 좋은 관리자이자 코치의 역할입니다. 책과 영상을 골라주는 일은 그래서 중요합니다.

아이들이 혼자 고르게 둔다면 잘못 책을 읽었을 때의 후폭풍이 큽니다. 단순히 내용 이해만 되지 않았다면 다행이지만 정서가 상처를 입는다면 회복하기가 힘이 들기 때문입니다. 원서와 영상은 영어 학습을 위해 정말 필요한 도구들이에요. 이 도구들을 스스로 활용하기까지 아직은 더 많은 시간이 필요합니다. 엄마는 간섭을 하는 것이 아니라 테두리를 만들어 보호를 하는 역할입니다.

책을 고를 때 도움이 되는 정보

만약 어떤 책을 골라야 될지 모를 때에는 수상 작품 읽기를 권장합니다. 가장 안전한 테두리라고 할 수 있습니다. 책을 고를 때 알면 좋은 상들에 대해 알려드릴게요.

① 칼데콧 상

근대 그림책의 선구자라 불리는 랜돌프 칼데콧을 기념하기 위해 미국 어린이도서관협회(ALSC)에서 주관하는 그림책 상으로, 1938년 처음 제정되어 이듬해부터 시상한 상입니다.

② 뉴베리 상

뉴베리상은 미국에서 출간된 어린이 책 가운데 최고의 작품을 쓴 사람에게 주는 상입니다. 무려 1922년부터 지정되었다고 합니다. 1년에 뉴베리 상 1권, 뉴베리 아너상 2권을 골라 수상을 합니다.

③ 한스 크리스티안 안데르센상

19세기 덴마크 출신 동화작가인 한스 크리스티안 안데르센을 기리고자 1956년 제정된 상입니다. 안데르센상은 작가가 지금까지 창작한 모든 작품을 대상으로 하기 때문에 작가로서 커다란 영예입니다.

④ 케이트 그린어웨이 상

케이트 그린어웨이상은 영국도서관협회(CILIP)가 주관하는 아동문학상으로 영국에서 가장 권위 있는 상으로 불리고 있습니다.

⑤ 카네기 상

앤드류 카네기를 기리기 위해 1936년 제정한 아동문학상으로, 매년 영국에서 출판된 아동·청소년 도서 중 훌륭한 작품에게 수여됩니다.

⑥ 미국 도서관 추천도서

상은 아니지만 매해 미국 도서관에서 신간을 포함해 추천 도서 목록을 올립니다. 미국 도서관 홈페이지에서 볼 수 있어요.

수상작이라고 해서 아이가 무조건 좋아하지는 않습니다. 다만 선택을 하기 힘든 상황에서 최선의 방법인 것은 맞습니다. 추천도서 역시 고르기 힘들 때 다양한 선택지를 줄 수 있기 때문에 목록을 알아둔다면 좋겠지요.

수상작들에는 씰이 붙기 때문에 너무나 확연히 수상작이라는 것을 알 수 있어요. 도서관을 방문해서 책을 고를 때 씰을 확인하면서 고르면 실패의 확률이 줄어들게 될 것입니다.

책의 표지를 보면서 이야기를 나누자

아이를 위해 책을 골라주긴 했지만 읽지는 못한 상황이라면 표지만으로도 대화를 시도해보세요. 아이에게 엄마의 생각을 먼저 말하고 질문을 하는 것이 좋습니다. 최대한 학습이라는 분위기는 배제하고 질문을 해야 해요. 언제 또 호기심이 쏙 들어갈지 모르니까요.

저는 표지의 디자인이나 글씨체에 관심이 굉장히 많은 사람입니다. 모든 사람들이 가장 먼저 보는 것이 책 표지잖아요. 책 표지의 구성은 책의 모든 것을 담고 있습니다. 의미 없는 그림을 표지에 넣진 않습니다. 그리고 이야기의 분위기에 따라 표지의 글씨체도 달라집니다.

책을 읽지 않았어도 아이와 할 이야기는 넘쳐납니다. 마치 어렸을 때 동화책을 같이 읽었던 것처럼 말이죠. 어릴 때는 동화 속으로 함께 들어 갔다면 지금은 문학 세계의 입구에서 배웅을 해줍니다. 조만간 독서 여행을 혼자 계획하는 날이 오겠지요. 그날까지는 열심히 책을 골라주고 표지를 읽어주려고 합니다.

8) 음독해야 되는 책 VS. 묵독해야 되는 책

엄마표 영어 초기 '책'의 활용법- 흘려듣기부터 리더스 읽기까지

엄마표 영어를 하는 분들 중에 책을 어떻게 활용해야 되는지를 모르는 분들이 많습니다. '책'이라고 하면 단순히 글자를 읽는다고만 생각하는 경우가 대부분이죠. 책은 아이가 언어를 배울 때 가장 중요한 도구입니다. 활용을 제대로 해야 합니다. 나이와 수준에 맞춰 책을 보는 것이 중요한 만큼 책에 따라 제대로 읽는 것도 중요합니다.

아기가 가장 먼저 만나는 책은 '보드북'입니다. 두꺼운 종이로 만들어져서 잘 찢어지지 않지요. 아기가 물고 빨면서 놀기 때문에 종이 질도 중요합니다. 요즘은 어린이 책들은 보통 콩기름으로 인쇄된답니다. '보드북'은 그림과 글자가 일치하는 직관적인 책입니다. 글자를 학습하기 위한 책이 아닌 엄마의 목소리로 단어들을 들으면서 사물을 인지하는 능력을 키우는 책입니다. 어릴 때 봤던 보드북은 문자를 익히는 시기의 첫 책으로 활용해도 아주 좋습니다.

동화책은 그림책, 픽처북 등 여러 이름으로 불리죠. 어린이들이 가장 많이 읽어야 하는 책입니다. 동화책 읽기는 엄마의 목소리로 읽어주는 것을 들으면서 시작됩니다. 동화책의 그림으로 엄마와 이야기도 나누지요. 언어 인지 능력을 키울 때 가장 큰 영향을 차지하는 책이 동화책이라고 생각합니다. 단순히 글만 보는 것이 아니라 그림을 가지고 대화를 나누고 소통을 하면서 뇌가 자라는 것은 당연하기 때문입니다. 역시 성장하면서 스스로 읽으면서 재미를 키우는 도구가 될 수 있습니다.

리더스는 말 그대로 읽기 연습을 위한 책입니다. 가끔 리더스로 듣기를 시키는 엄마들을 봤는데 그것은 정말 잘못된 방법이에요. 리더스는 읽은 후 감동을 받는 문학책이 아닙니다. 일정한 기준에 따라 학습해야 하는 문장이 제시하고 패턴을 반복시키면서 연습을 하는 책입니다. 리더스에 캐릭터 책들이 많은 이유는 훈련의 지겨움을 이겨내기 위해서지 문학적 감동을 주기 위한 것이 아닙니다. 리더스는 반드시 눈으로 글자를 보고 입으로 스스로 읽어야 하는 책입니다. 그래야 그림처럼 보이던 문자가 글자로 인식이 됩니다.

엄마표 영어를 진행할 때 처음에 보드북과 그림책을 보다가 리더스를 추가하게 됩니다. 리더스를 읽을 시기에 그림책 읽기를 소홀히 하면 안 됩니다. 읽기 훈련에만 치우치면 정서적인 면을 채워나갈 수 없기 때문입니다.

리더스를 읽기 시작하는 시기(엄마표 영어 최소 1–2년 차 이상)가 되었을 때 동화책과 보드북의 수준도 올라갑니다. 보드북의 경우 수학, 과학 분야의 쉬운 지식 책이 추가가 됩니다. 동화책 역시 문장의 개수가 조금씩 늘어납니다. 즉 리더스만 읽는 것이 아니라 다른 책들도 골고루 계속 읽어야 합니다.

엄마표 영어 중기 '책'의 활용법 – 챕터북과 지식책 읽기

챕터북은 쉽게 말해 '장'으로 구분이 되어 있는 책들을 말합니다. 리더스를 읽은 후 쉽게 접근할 수 있는 얼리 챕터북과 노블 읽기 전 준비로 읽는 챕터북으로 구분됩니다. 챕터북은 넓게 보면 문학의 범주에 들어갑니다. 즉 읽으면서 감상을 할 수 있는 책이에요. 하지만 완전한 문학의 세계라고는 할 수 없습니다. 스토리의 구성이 단순하고 갈등이 크지 않습니다. 내용이 가벼운 편이라 아이들이 읽기에도 부담이 없고요. 긴 책을 읽기 전 단계의 책이기 때문에 '재미'가 더 들어가 있습니다. 재미가 없으면 읽어나갈 수 없으니까요.

충분한 리딩 훈련 후 자연스럽게 챕터북으로 들어갔다면 묵독을 연습하는 용도로 활용이 됩니다. 묵독은 소리를 내지 않고 눈으로 읽는 방법을 말합니다. 눈으로만 문자를 인식할 때 놓치는 부분이 많을 수 있습니다. 그렇기 때문에 충분한 읽기 연습 후 묵독을 시작해야 합니다. 묵독역시 긴 시간 습관화 시키는 훈련이 필요한데요, 재미있는 책을 읽는 것만큼 좋은 훈련은 없습니다. 스스로 읽은 후 내용 파악을 하고 있는지 확인을 해주는 것이 좋습니다. 대충 읽는 습관이 들지 않게 주의해야 하는 시기이기도 합니다.

아이의 수준보다 살짝 높은 얼리 챕터북은 리딩 훈련으로 활용할 수 있습니다. 얼리 챕터북들은 보통 두께가 얇은 책 여러 권으로 구성이 되어 있습니다. 한 권의 양이 실제적으로 적기 때문에 리딩이 충분히 매끄럽지 않다면 음독을 하며 읽는 것도 좋습니다. 한 문단 정도 음독하면서 걸리는 단어가 많다면 수준에 비해 어려운 책입니다. 얼리 챕터북은 읽으면서 내용이 이해가 되어야 합니다. 읽기조차 매끄럽지 않다면 이해하는 것은 불가능합니다. 그럴 때는 더 쉬운 책으로 진행해야 합니다.

얼리 챕터북은 집중 듣기로도 활용하기 좋습니다. 음원을 들을 때 손가락으로 글자를 짚어가면서 듣는 방법인데요. 집중력 향상과 문자인지에 도움이 됩니다. 그렇지만 이 방법은 아이의 성향에 따라 거부가 심할 수 있어요. 저희 집에선 실패한 방법이랍니다.

이야기의 흐름에 재미를 붙인 친구라면 지식 책도 반드시 같이 읽어야 된다고 말씀드렸습니다. 지식 책은 묵독을 권하지 않습니다. 처음 알게 되는 내용이니 만큼 되도록 아이와 함께 보고 단어들의 의미를 확실히 해주는 것을 추천드립니다. 단어를 찾아보고 발음을 들어보는 활동도 필요합니다. 지식책의 모든 내용을 습득할 수는 없습니다. 아무리 쉽게 쓰인 책도 어려운 부분은 분명히 존재하니까요.

이때 우리말과 연결다리를 놓아주는 것 잊지 마세요. 엄마와 음독을 하고 단어들을 알아가면서 책에 재미를 붙이게 되면 혼자 펼쳐보는 때가 옵니다. 엄마와 제대로 책을 봤던 아이들은 혼자 보다가도 질문을 하러 반드시 옵니다. 지식 책은 말 그대로 새로운 지식을 쌓아가는 과정입니다. 음독을 해야만 뇌가 인식을 하게 됩니다.

아이표 영어의 시작 단계 - 아이가 여행하게 될 새로운 세상

아이표 영어를 시작하는 시기는 다 다르겠죠. 이 시기는 엄마의 간섭이 점점 줄어들게 됩니다. 그 대신 독서가 제대로 되는지 확인할 장치들이 필요합니다. 퀴즈나 독후 활동이 포함되겠죠. 챕터북에서도 독립을 하고 노블의 세계로 진입하는 순간이 오게 됩니다.

가끔 노블을 음독을 시키거나 집중 듣기를 하는 분들이 계신데 저는 절대 권하지 않습니다. 노블은 스스로 읽고 이해하고 생각을 표현하는 책입니다. 그런 책으로 훈련을 하다니요. 정말 비효율적인 방법입니다. 차라리 노블이 아닌 수준에 맞는 학습서로 독해 능력을 키우는 것을 더 추천합니다.

노블을 묵독해야 하는 이유는 추론 능력을 키우기 위해서입니다. 독서를 하면서 추론능력을 키우려고 하지만 아이러니하게도 정말 힘듭니다. 요즘 노블들은 어휘 책까지 부록으로 구성되어 있는 경우가 많아요. 이때 어휘를 공부하고 책을 읽어야 할 만큼이면 조금 더 쉬운 책부터 시작하는 것을 추천합니다. 책을 읽은 후 어휘를 체크하는 것이 추론 능력을 키우는 데는 더 도움이 된다고 생각합니다. 어휘를 다 알고 책을 읽으면 추론을 할 기회가 사라지는 것과 같으니까요.

한 페이지의 글을 읽으면서 모르는 단어가 3개 정도 나온다고 해도 앞뒤의 문장들을 통해 뜻을 이해할 수 있어야 합니다. 모든 단어를 찾아가면서 책을 읽을 수는 없어요. 감정의 흐름이 깨지고 전체 내용을 이어나가기가 힘듭니다. 단어의 뜻을 몰라서 내용이 이해되지 않을 정도라면 그 책은 아직 어려운 책입니다.

이 시기에 읽게 되는 지식 책은 어떤 방법으로 활용해도 상관없습니다. 이미 아이가 스스로 가장 적합한 방법을 이용하고 있을 것입니다. 내가 좋아하는 분야의 영상을 보는 것도 적극 추천합니다. 유치한 내용이 아닌 본격적인 지식을 쌓아갈 수 있는 시기가 바로 지금부터입니다. 이 시기까지 엄마표 영어를 쌓아온 아이라면 듣기와 읽기 생각하기까지 안정적인 상황이기 때문에 아이가 원하는 방법으로 읽게 해주세요.

5장

LEVEL 4 영어 자립

엄마표 영어에서 아이표 영어로

1) 엄마표를 떠나 이제 아이표 영어로!

영어 자립의 시작

돌 즈음부터 시작된 엄마표 영어의 끝은 어디인지 늘 궁금했습니다. 기다리고 기다려도 그 날은 오지 않을 것 같았지요. 다만, 지루하다고 가만히 있지는 않았습니다. 영어를 시작한 날 이후로 조금이라도 듣지 않은 날이 없어요. 어떤 상황에서도 즐거움을 잃지 않으려고 노력했고요. 아픈 둘째를 키우면서도 영어는 계속되었습니다.

자립을 원했지만 어떻게 올지 감도 잡을 수 없었어요. 자립의 시기가 오더라도 엄마의 손은 계속 필요할 것이라는 것은 이미 깨닫고 있었습니다. 엄마표 영어를 진행하면서 결국 배경을 만들어주고 코치가 되어야 하는 것은 엄마라는 것을 배웠으니까요.

8살이 되던 해 멋모르고 영어 말하기 대회를 나가면서 다른 집 아이들의 유창한 영어를 부러워하기도 했어요. 우리의 목표는 원고 암기와 외운 내용 잊지 말기였음에도 다른 아이들의 영어가 눈에 들어올 수밖에 없었던 때가 있었습니다.

그런 첫째에게 영어 자립이 시작된 것은 우연한 기회였습니다. 첫째가 2학년이었던 2020년 여름이었습니다. 미국의 한 사립학교가 우리나라에 온라인 수업을 런칭한다는 정보를 듣고 신청을 했어요. 코로나가 온라인 수업을 안방으로 물어다준 것입니다.

레벨 테스트를 하고 난 뒤 GR3과 GR4를 고민했습니다. 이때 매니저 선생님께서 수준이 살짝 어렵긴 하겠지만 충분히 들을 수 있을 것이란 이야기를 해주셨습니다. 그분의 말을 듣고, 수업 신청을 덜컥하게 됩니다. 걱정은 사실 '쓰기'였습니다. 짧은 문장들을 만들기는 했었지만 쓰기를 시킨 적이 없었거든요. 첫째는 수업을 들어보고 싶다고 했고 그냥 무작정 시작을 했습니다. 실시간으로 다른 나라 국적의 친구들과 수업하는 것은 정말 큰 경험이었습니다. 방구석 영어만 진행했던 첫째가 거리낌 없이 생각을 말하고 선생님과 소통을 하는데 저야말로 놀랄 일이었지요.

저의 엄마표 영어에는 '쓰기' 과정이 없었습니다. 손아귀의 힘이 부족해서 초등학교 입학할 때 한글 쓰기조차 걱정했었기 때문에 영어 쓰기는 전혀 생각도 안 했거든요. 그랬던 첫째가 과제를 하더라고요. 말 그대로 인풋만 하던 아이에게서 아웃풋이 나왔습니다.

매 수업마다 칭찬으로 코멘트를 해주시는 선생님의 말씀에 자신감이 쑥쑥 자라고 수업 시간에 배운 이야기의 뒷이야기를 쓰는 과제도 라임에 맞춰 시를 쓰는 과제도 훌륭하게 수행했습니다.

더욱 놀라운 것은 아이가 스스로 숙제를 스스로 챙겼다는 것입니다. 마감 날짜나 특이 사항은 챙겨주었지만 과제의 내용은 오로지 아이의 힘으로 수행했어요. 도대체 이런 일이 어떻게 일어날까 얼떨떨했습니다.

재택근무를 하면서 저녁에 바쁜 엄마인 저는 아이의 수업을 지켜볼 수도 없었어요. 아이는 영어책을 읽을 때처럼 영상을 재미있게 보던 것처럼 그렇게 수업을 들었습니다.

엄마표 영어가 무엇인지도 모르고 『노부영』 영어 동화책을 주문했을 때부터 6년이라는 시간이 필요했습니다. 엄청 꼼꼼하게 학습을 추구한 것도 아니고, 영유의 힘을 빌린 것도 아닙니다. 환경을 만들어주고 아이에게 필요한 책과 영상을 찾아주었을 뿐입니다.

너무 먼 미래를 생각하면 시작도 전에 지쳐요. 하루하루 성실하게 진행하는 것이 최선의 방법입니다. 첫째의 영어는 그렇게 혼자 서기를 시작했어요. 이제 자립 2년 차로 향해가고 있습니다. 저는 더 이상 첫째의 영어를 걱정하지 않습니다.

첫 챕터북을 읽다 - 『Because of Winn-Dixie』

동화책을 좋아했지만 얼리 챕터북을 좋아하지 않았던 첫째에게 챕터 북은 먼 나라 이야기였습니다. 이북에서 읽기 연습을 하면서 훈련처럼 읽었기 때문에 좋아할 수가 없었지요. 이때 1년 동안 애를 써준 큰아이에게 정말 고맙답니다. 논픽션 책은 그나마 좋아했던 아이라 다양한 지식 책들을 읽으며 읽기의 틈을 채워갔습니다.

재미있다는 얼리 챕터북들을 모두 찬밥으로 만들어버린 첫째가 '숙제'로 첫 챕터북을 읽게 되었습니다. 온라인 수업 담임 선생님께서 『Because of Winn-Dixie』를 읽어오라고 방학 과제를 내주셨거든요. 책의 파일을 보내주셨는데 그림도 하나 없는 말 그대로 챕터 북이었습니다.

10살이 시작되는 1월에 챕터북의 세계로 들어갔습니다. 발을 동동 굴러도 읽지 않았던 아이가 하루에 두 장씩 책을 읽기 시작했지요. 그렇게 새 학기가 시작하기 전 첫 챕터북을 다 읽게 되었습니다. 아무렇지 않게 말이죠.

이때도 엄마 입장에서는 해줄 일이 없었습니다. 수업이 좋고 선생님이 좋으니 책을 읽을 수밖에 없었지요. 그런데 정작 읽으니 그 재미가 컸던 것입니다. 스토리가 있는 책을 좋아하는 아이였다면 더 수월하게 챕터북에 진입했을 수도 있어요.

책이라는 것은 쉽게 읽히거나 어렵게 읽히거나 결국 읽힙니다. 재미있는 책을 읽었고, 지루한 책들도 읽었습니다. 이 모든 것은 균형을 이루면서 발전하게 됩니다.

그 후로 수많은 책을 읽었습니다. 이제는 노블도 거뜬히 읽습니다. 첫 물꼬를 트는 것이 어렵지 그 후로는 자연스럽게 흘러갑니다. 당연히! 여전히 독서를 가장 좋아하지도 않고 쌓아놓고 보지도 않습니다. 그렇지만 어떤 책이든 읽는 힘은 충분히 가진 아이로 자라고 있습니다.

노블을 언제면 읽을지 고민하는 분이 많으십니다. 순수한 독서의 길을 찾아가기까지는 지루할 만큼 오랜 기간 시간의 투자가 필요합니다. 그나마 다행인 것은 특별한 방법이 따로 있는 것이 아니라 차근차근 꾸준히 진행하면 성공할 수 있다는 점입니다.

엄마를 떠날 준비

아이는 절대로 엄마를 떠날 생각이 없습니다. 엄마는 얼른 이 과정을 끝내고 싶지만요. 이제까지 진행한 과정을 생각하면 빨리 떠나보내고 싶기도 합니다.

우리 첫째의 영어는 자연스럽게 컸습니다. 아직도 어렸을 때 봤던 〈AI

phablocks〉를 동생과 보면서 깔깔거립니다. 그러다 〈Ted ed〉를 보면서 진지하게 집중도 하고요. 엄마표 영어의 자연스러움이 이런 결과를 만듭니다. 언제든 다시 예전 활동을 진행하고 동화책을 꺼내서 옛날이야기를 하고요. 학습이었다면 복습이라는 과정을 억지로 시켜야 했겠지요.

더 많은 자료를 수집하고, 더 좋은 수업을 찾으면서 발전하는 아이를 기다리겠지요. 지금까지 해 온 것처럼 앞으로도 이 작업은 계속될 것입니다.

영어 자립으로 향하는 아이의 든든한 배경이 되어줄 것입니다.

2) 쌓아둔 정보를 활용할 타이밍은 지금이다

검색어의 변화

엄마표 영어를 진행하면서 가장 많이 한 작업은 바로 검색 아닐까 싶습니다. 새로운 책을 찾아보기도 하고, 누군가 추천한 책이 어떤 내용인지도 살핍니다. 현재 진행하고 있는 부분에 대한 추가적인 정보도 찾지만 미래를 위한 정보들도 찾아보죠.

저는 미래에 대한 정보를 찾으면서 스스로를 다독였습니다. 매일 성실하게 진행 하가다도 재미없고 지치는 날이 분명 있거든요. 그럴 때 언젠가는 보게 될 영상, 나중에 해주고 싶은 수업, 조만간 읽게 될 것 같은 책을 검색했습니다. 목표가 정해지면 가는 길이 그나마 힘이 생겼습니다.

미래를 위해 수집해둔 정보를 아이에게 공개하는 순간은 행복 그 자체입니다. 아이가 느끼는 성취감은 말할 것도 없고요. 내가 찾아낸 정보가 아이의 영어를 한 단계 올려줄 때 보람을 느끼기도 합니다.

엄마표 영어를 지속하기 위해서는 엄마가 수집한 정보가 한 걸음 앞서가야 합니다. 아이의 성장은 어느 순간 찾아올지 모르거든요. 준비하고 있어야 당황하지 않습니다. 성장하는 순간을 맞이하면서 멈출 수는 없습니다.

저는 특히 선택지를 여러 가지 만들어놓았습니다. 주제에 따른 영상들도 여러 가지로 찾아놓고요. 아이는 어떤 것을 선택할지 모릅니다. 취향의 중요성을 계속 말씀드렸지요. 학습이 아니라 습득이 되려면 취향을 찾아줘야 하는데 변덕쟁이 아이들은 자꾸 바뀌거든요.

엄마표 영어를 진행하면서 검색어는 변해갔습니다. 기초 영어 영상 추천부터 시작한 검색어는 온라인 북클럽까지 진화했습니다. 저는 확실하게 진화라고 말하고 싶습니다. 외국어를 전혀 몰랐던 아이가 이제는 영어가 가장 쉬운 아이가 되었으니까요.

검색하는 것을 소홀히 하지 마세요. 단, 의견을 수집하지는 마세요. 뭐가 좋고 나쁜지 신경 쓰는 것이 아니라 공식적인 내용들을 수집하세요. 모든 아이들은 다 다른 취향을 가지고 있습니다. 우리 아이가 그 책을 볼지 안 볼지는 나중에 정해지는 것입니다.

저는 교육 카페를 틈날 때마다 드나들면서 새로운 정보를 알게 되면 바로 즐겨찾기를 해두었습니다. 아이의 성장 속도를 지켜보면서, 때가 되면 아이에게 공개하지요. 나보다 먼저 아이를 키운 선배 엄마들의 조언은 그럴 때 아주 유용합니다.

검색어가 변한다는 것은 아이가 성장한다는 증거입니다. 미래를 준비하고 기대하는 마음으로 엄마표 영어를 진행한다면 슬럼프나 고비가 찾아와도 버틸 수 있는 힘이 되어줄 것입니다.

미래를 위한 검색어 - 유용한 과학 채널

우리 첫째는 이제 편하게 볼 수 있는 수준이 되었지만, 둘째는 아직 엄두를 못내는 과학 유튜브 채널들을 추천드립니다. 미래는 어찌될지 모릅니다. 둘째가 혹해서 볼 수도 있어요.

아직 시기가 되지 않았다고 해도 아이의 미래를 위해 꼭 찾아두세요.

한글로도 과학 지식이 어느 정도 쌓여야 시청 가능한 채널입니다. 과학 채널의 경우 이해를 못하면 보지 않는 것이 훨씬 낫습니다. 그냥 그림만 보고 웃는 것은 소용이 없어요. 듣는 것이 힘들 경우는 영어 자막을 켜놓고 보는 것도 좋습니다. 한글 자막은 절대 안 됩니다.

① 〈Peekaboo Kidz〉 / 〈The Dr Binocs Show〉

인도에서 만든 어린이 과학 채널입니다. 과학에 대한 이론을 애니메이션으로 설명해주는 채널이에요. 애니메이션이 약간 촌스러운 분위기이고 영어 발음이 영미식이 아닙니다. 아이들이 보는 데는 전혀 문제가 없습니다.

② 〈SciShow Kids〉

미국에서 만든 어린이 과학 채널입니다. 자매 채널이 많고요. 〈SciShow Kids〉는 초등학교 저학년인 1-3학년에게 이상적이며 많은 에피소드가 차세대 과학 표준(NGSS) 커리큘럼을 중심으로 구성된다고 해요. 수준이 높아지면 〈SciShow〉도 재밌게 볼 수 있습니다.

③ 〈Free School〉

어린이에게 연령에 적합하고 접근 가능한 방식으로 유명한 예술, 클래식 음악, 아동 문학 및 자연 과학을 접할 수 있는 채널입니다. 쉬운 영상들이 많아요.

④ 〈TED-Ed〉

이미 유명한 채널입니다. TED의 학생용 채널이에요. 교육적으로도 아주 좋습니다. 제 아들은 특히 TED-Ed Riddle를 엄청 좋아했어요. 유튜브 노출이 싫으시다면 공식 사이트를 이용하시면 됩니다.

⑤ 〈It's AumSum Time〉

창의적이고 신선한 과학 비디오를 만들기 위해 노력한다는 인도의 과학 채널입니다. 초등학생이 보면 아주 좋아요. 그림은 단순하고 설명은 명쾌합니다.

⑥ 〈Kurzgesagt〉

제가 생각하는 가장 독특한 과학 채널입니다. 독일에서 만든 채널이고요. 초등 고학년 이상 과학을 좋아하는 친구들이 좋아할 채널이에요. 한글 번역 채널도 생겼습니다. 우리말로 들어도 어려운 내용들이 있어요. 어린 친구들은 추천하지 않습니다.

⑦ 〈Nat Geo Kids〉

역시 굉장히 유명한 채널이죠. 영상도, 책도, 교재도 우리 아들이 좋아하는 표현을 빌리자면 'Fancy'한 채널입니다. 자연에 관한 정보를 얻을 때는 여기만 한 곳이 없지요. 잘 보는 친구들은 〈Nat Geo〉 일반 채널을 보는 것도 괜찮습니다.

　저는 이 정보들을 언제부터 수집했을까요? 채널들은 늘 업데이트하기 때문에 시간이 지나도 늘 새로운 느낌을 줍니다. 교육적으로 만들어진 채널들을 활용하세요. 과학을 좋아하는 친구라면 배경지식의 확장을 시키면 되고 싫어하는 친구는 쉬운 채널에서 흥미를 키워주면 됩니다. 언제 보게 되나 걱정하지 마세요. 때는 반드시 오게 됩니다. 제가 사실 그런 고민을 매일 했거든요. 보일 때마다 차곡차곡 저장해두세요.

　정보를 수집하는 것이 중요한 또 다른 이유는 결국 이 영상들을 볼 수 있는 수준을 만들어야겠다는 의지를 다질 수 있다는 점입니다. 미래를 부정적으로 보지 않고 긍정적으로 보게 도와줍니다. '보기는 할까?'가 아니라 '반드시 보게 할 거야!'라는 생각을 해주세요. 엄마가 믿는 만큼 아이는 자랍니다. 쌓아둔 정보 활용할 타이밍은 지금부터입니다. 쌓아둔 정보가 많을수록 '지금' 활용할 수 있는 정보들이 많다는 것 기억하세요.

3) 인풋이 충분히 넘쳐서 아웃풋하게 하자

아웃풋의 시기는 같지 않다

물리적인 시간만으로 따진다면 첫째가 둘째보다 말이 훨씬 빨리 시작했어야 했습니다. 영어를 만난 시간이 차이가 크니까요.

하지만 우리 첫째는 7세가 넘어도 영어로 말하기 힘들어했고 오히려 둘째가 말이 먼저 트이면서 첫째의 발화를 도와주는 형국이 되었습니다.

둘이 영어로 놀면서 첫째가 영어로 말을 하기 시작하게 된 것이죠. 아이들의 발화 순간은 다 다릅니다. 언제 시작할지도 모릅니다. 인풋이 충분히 찼을 때 아웃풋이 나온다고 하지만 그게 언제일지는 아무도 모르죠. 그렇기 때문에 인풋을 놓치지 않아야 합니다.

그렇다면 지금 둘의 말하기 수준은 어떨까요? 아직도 둘째가 더 앞설까요? 지금은 동생이 형의 수준을 따라갈 수가 없는 상황입니다. 일상적인 대화에서는 별 차이가 없습니다. 둘 다 종알거리면서 노는 데는 문제가 없으니까요. 하지만 인풋의 양이 한글도 영어도 형이 압도적으로 많기 때문에 스피킹의 질도 수준도 형이 훨씬 낫습니다.

둘째는 이제야 지식을 습득하기 시작했어요. 한글책도 이제야 제법 읽어나가고요. 결국 둘의 언어 수준은 비슷해질 것입니다. 길어도 스무 살 때부터는 그렇겠지요. 두 녀석의 지식수준이 비슷해질 테니까요. 그렇기 때문에 말을 못하는 것에 대해 걱정할 필요가 없습니다.

스피킹의 수준은 말이 먼저 트이고 늦게 트이고와 전혀 상관이 없습니다. 인풋의 양과 연습한 시간이 비례할 뿐입니다. 제가 책 전반에 걸쳐 스피킹에 대한 이야기를 하지 않은 것은 이런 이유 때문입니다. 인풋이 없는 아이들에게 말하기는 의미가 없어요. 단어 하나, 문장 하나 말하는 것은 단순 발화일 뿐 말하기라고 할 수 없습니다.

화상 영어 활용법

가장 쉽게 말을 배울 수 있는 수업입니다. 저희도 화상 영어부터 시작했고요. 저희 집에서 화상 영어를 활용했던 방법을 알려드릴게요. 단, 인 풋이 충분히 된 아이들에게 효과적인 방법입니다. 스스로 읽기를 한 후 2년 정도의 시간이 지난 시기가 가장 좋습니다. 단순히 읽는 것을 배우는 것이 아니라 말하는 것을 배우기 때문에 화상 수업에서 사용하는 교재는 아이가 알아듣기에 쉬운 수준이어야 수월합니다. 만만해야 말이 나옵니 다.

① 화상 영어 선생님의 국적

수업료가 가장 저렴한 국적은 당연히 필리핀 강사들이시겠지요. 말하기를 처음 배울 때는 많은 시간을 수업하는 것을 추천합니다. 여러 선생님과 해보는 것도 좋습니다. 말이라는 것은 많이 해봐야 합니다. 처음 말을 배울 때는 매일 수업을 진행하는 것이 좋아요.

간혹 필리핀 강사들의 발음을 걱정하시는데 저희 아이들의 경험을 기억해보면 강사의 발음을 흉내 내진 않더라고요. 필리핀 강사들은 기본적으로 아이들을 예뻐합니다. 처음 말을 배울 때 칭찬 듬뿍 받기에 너무 좋습니다.

비용에 대한 부담이 없다면 처음부터 북미권 강사와 수업을 진행하는 것도 좋은 방법입니다. 어머님들이 걱정하는 발음문제에 대해 안정적이 니까요. 저희도 많은 업체들과 수업을 해봤는데요. 1대1 수업에서는 북미권 강사보다 필리핀 강사와의 수업이 더 잘 맞았습니다. 북미권 강사들은 아이들을 외국인으로 보는 경향이 있습니다. 어느 정도의 영어만 해도 만족한다는 느낌을 많이 받았어요. 마치 외국 아이들이 우리말을 하면 대견하잖아요. 딱 그 느낌으로 수업하는 분들이 많았어요.

반면에 필리핀 강사들은 우리나라 엄마들이 무엇을 원하는지 정확하게 잘 알고 있어요. 단순히 말하기 이상의 발전을 원한다는 것을 잘 알고 있답니다. 하지만 아이가 좋아하는 강사와 수업을 하는 것이 최고입니다. 잘 맞는 선생님을 찾아주세요.

② 수업 시스템

요즘 성인들이 많이 활용하는 회화 프로그램들은 강사를 지정하지 않고 매일 바꿀 수 있는 프로그램들이 인기입니다. 아이들에게는 맞지 않는 방법이에요. 낯선 외국인과 말을 해야 하는데 매일 바뀌면 아이들도 적응하기 힘듭니다. 지정한 강사와 수업하는 시스템을 추천합니다. 같은 강사와 지속적인 유대를 쌓게 해주세요.

수업을 진행하는 강사와 테스트를 보는 곳을 선택하세요. 요즘은 많이 사라지긴 했지만 테스트 강사를 따로 정해놓고 정작 수업 때는 별로인 강사를 지정해주는 곳이 많았습니다. 반드시 테스트를 진행한 강사와 수업이 가능한 시스템인지 확인하세요.

화상 영어 업체마다 교재가 다 다른데요. 보통 어린이 회화에서 가장 많이 사용하는 〈Let's go〉를 사용하는 곳이 많습니다. 큰 업체들은 자체 교재를 만들어 커리큘럼을 다양하게 짜는 곳도 있어요. 더불어 개별교재를 사진 찍어서 보내면 사용할 수 있는 곳들도 많이 생겼습니다. 업체를 미리 검색해두면 시기와 상황에 맞게 활용할 수 있답니다.

화상 영어 다음에는

말을 유창하게 하는 이후에는 그룹 수업을 추천합니다. 온라인으로도 수많은 수업들을 찾아 볼 수 있고요. 비슷한 수준의 친구들과 수업을 들으면서 배우는 점이 많습니다. 저희가 활용했던 다양한 수업의 형태를 소개해드릴게요.

① 영어 북클럽

코로나가 시작되고 난 후 가장 수면위로 많이 떠오른 온라인 수업의 형태입니다. 북클럽은 책을 읽고 토론하는 수업을 보통 말합니다. 수업

전에 레벨테스트를 통해 참여 가능성을 확인합니다. 영어로 진행되는 수업이다 보니 수준이 비슷해야 가능합니다.

저학년 북클럽의 경우는 외국 아이들이나 국제학교 다니는 아이들이 대부분입니다. 얼리 챕터나 쉬운 챕터북 읽고 수업을 진행합니다. 저희 아이 둘 다 각 학년의 중간 반에 배정이었습니다. 이럴 경우 책이 쉬워서 재미가 없을 수도 있는데 재미있어 했던 기억이 있습니다.

고학년인 경우 노블을 1-2주에 1권 읽고 와서 내용 파악과 토론을 하는 수업을 진행합니다. 뉴베리 수상 책을 보는 경우가 가장 흔합니다. 라이팅 과제를 내주는 곳도 있습니다. 고학년 북클럽의 경우 선생님의 역량이 정말 중요합니다. 나와 맞는 선생님을 만나면 책 읽는 과정도 즐거워집니다.

② 온라인 영어 수업

역량 있는 학원들 중에 온라인 수업을 진행하는 곳들이 많이 생겼습니다. 미국의 사립학교가 실시간 수업을 진행하는 경우도 있고요. 말을 충분히 잘하는 아이들일 경우 지식을 쌓기 위해 온라인 수업을 경험하는 것도 추천합니다. 단순한 회화가 아닌 지식을 쌓을 때는 전문선생님의 도움을 받는 것이 가장 좋습니다.

보통 정기적으로 과제와 테스트가 있습니다. 당연히 성적표도 나오고 성적에 대한 상담도 합니다. 과제의 종류도 다양합니다. 태어나서 처음 PPT를 만들기도 하고 에세이도 쓰고요. 과제를 하면서 역량이 많이 자라는 것을 느꼈습니다.

본 교재와 더불어 한 달에 한 권의 책을 나눠읽고 북 리뷰를 쓰고 토론을 하기도 합니다. 북클럽의 수업처럼 책의 내용에 깊게 들어가지는 못하지만 책을 읽고 영어 북 리뷰를 쓰는 것만으로도 독후 활동으로는 훌륭했습니다.

미국 공립학교에서 사용하는 온라인 수업을 들으면서 추가로 원어민 수업을 진행하는 곳도 있습니다. 1대1 화상영어와 그룹 수업을 선택해서 들을 수 있습니다. 우리 아이들은 그룹 수업을 진행했는데요. 정해진 분량의 수업을 듣고 온 후 그룹 수업을 듣는 시스템입니다. 수업이 끝나면 간단한 코멘트를 주시고 과제도 매주 있습니다.

4) 돈을 써도 목적지에 빨리 도착하는 법은 없다

학원을 보내야 할까

이제 더 이상 엄마가 해줄 것이 없다는 생각이 들면서 학원을 찾아보기 시작했어요. 오프라인에는 갈 만한 학원이 전혀 없었기 때문에 온라인 학원을 찾습니다. 미국 사립학교의 온라인 수업이나 북클럽은 제 생각 속 학원의 범주에 들지 않았습니다.

학원은 단어 암기 테스트가 존재한다는 점이 가장 큰 특징입니다. 학원 다니는 친구들이 하루 20개 이상의 단어를 암기하는 것은 기본입니다. 제 아이들은 단어를 억지로 암기해본 적이 없어요. 저조차 단어를 외워야 할 때가 되지 않았나 하는 생각을 했던 것입니다.

과제도 테스트도 글쓰기도 다 가능했지만 단어 암기라는 훈련은 안 해봤기에 이것을 이제 해야 하는가에 대한 고민이 가장 컸습니다.

암기는 모든 학습의 기본입니다. 암기가 나쁘다는 것이 절대 아니에요. 암기는 또한 성실하게 공부하고 있다는 증거라고 생각합니다. 다만 저의 걱정은 어휘의 단순 암기가 아이의 영어에 어떤 좋은 영향을 미치는가 하는 것이었어요. 어휘는 글 안에서 다른 글자들과 유기적으로 얽혀 있어야 생명력을 가질 수 있습니다.

고민이 될 때는 실행을 해보는 것이 맞습니다. 그 후에 이 방법이 아이에게 맞느냐 틀리느냐를 판단하면 되는 것이죠. 첫째가 4학년이 되면서 여러 온라인 학원들을 경험했습니다.

1-2개월 정도씩 경험하면서 아니다 싶은 곳은 바로 그만두었지요. 그 학원들의 커리큘럼이 잘못된 것이 아니고 우리 아이와 맞지 않았을 뿐입니다.

아이들이 인지 수준보다 높은 레벨의 수업을 진행해서 그만둔 곳도 있고요. 반대로 쉬워서 그만두기도 했습니다. 같이 수업 듣는 아이들의 수준이 생각보다 낮아서 그만두기도 하고요. 즉, 소규모로 진행하는 온라인 수업의 경우에도 아이의 상태와 맞추는 것이 어려웠습니다.

비용 문제도 크게 다가왔습니다. 제가 더 이상 해줄 수 없는 수업들이기에 비용을 인정하고 들어가야 했습니다. 그러면서 비용을 자꾸 따지게 되죠.

이만한 가치가 있는 수업인가? 1년 가까이 학원마다 비용을 지불하면서 결국 저는 이 길이 맞지 않다는 것을 깨달았습니다. 어리석은 사람은 불을 건드려봐야 뜨거운 것을 안다고 하잖아요. 불을 건드려보지 않고 뜨겁다고 성급히 판단하는 것도 어리석은 일이라고 생각합니다. 저는 그렇게 비싼 수업료를 내고 나서야 의미가 없다는 것을 깨달았습니다.

지금까지 엄마표 영어를 진행할 때 가장 중요하게 생각했던 것은 지루하지 않은 반복이었습니다. 아쉽게도 학원은 절대 그럴 수 없어요. 정해진 시간에 결과물을 만들어내야 합니다. 반복할 시간도 없고, 반복의 의미도 없습니다. 그저 단순한 암기, 과제, 테스트만 있을 뿐이에요.

절대적으로 독서와 생각할 시간이 부족했습니다. 유유자적하던 아이의 스케줄이 갑자기 빠듯하게 굴러갔습니다. 편안히 책을 읽을 시간도 여유롭게 영상을 볼 시간도 다 사라졌어요.

지금 굳이 이렇게 해야 하나 하는 생각이 들 수밖에 없었지요. 지금까지 해온 방식으로 이만큼 끌어올렸는데 앞으로도 못할 것은 없겠다는 생각이 들었죠. 결국 제 아이들은 돌고 돌아 다시 제자리로 왔습니다. 저는 앞으로 학습만을 위한 학원은 보내지 않기로 마음을 먹었습니다.

레벨 테스트 결과

학원마다 원하는 스타일의 학생이 있습니다. 레벨 테스트로 거를 때 아이들 성적만으로 갈리진 않아요. 공식적으로 인정하지는 않지만 현실이 그렇습니다. 야무진 여자 친구만 좋아한다는 소문이 도는 학원도 있어요. 받고 싶은 아이들을 받는 것이죠. 대치동의 학원들 경우에는 레벨 테스트를 신청하기도 어렵거니와 한 번 떨어지면 몇 개월간 응시를 못하기도 합니다.

지금까지 쌓아온 영어를 테스트 해볼 방법은 여러 가지가 있습니다. SR 테스트도 있고 렉사일 테스트도 있지요. 미국 온라인 학교 덕에 국제학교 다니는 아이들만 치른다는 Map 테스트도 봤습니다. 이 시험들로도 제 확신이 부족했던 것은 '한국'에서의 위치를 알고 싶은 마음이 컸던 거겠지요.

제가 사는 지역은 경기도의 소도시입니다. 엄마표 영어를 오래 진행하다 보니 아이의 수준은 점점 좋아졌습니다. 기다려 봐도 갈 수 있는 학원이 생기지 않았어요. 어려운 수업에 대한 수요가 없으니 공급이 없는 것이 당연합니다. 아이를 평가하고 싶은 마음이 아니라 저에 대한 성적표가 필요했습니다.

사교육으로 똘똘 뭉친 대치동이라는 지역의 수준이 궁금했어요. 결국 우리나라의 모든 인재는 그곳으로 모이니까요. 대치동 어학원 정도라면 위치를 가늠하기에 괜찮을 것 같았습니다. 전국의 학생들이 보는 시험은 아니지만 수년간 도전했던 학생들의 데이터는 성적표를 통해 우리 첫째가 어느 정도인지 알 수 있으니까요.

첫째가 시험 봤던 학원은 1차로 듣기, 읽기, 문법, 쓰기를 보고 통과한 학생에 한해 스피킹 테스트를 실시했습니다. 1차 시험 후 홈페이지에 성적이 게시되고 아이의 위치도 알 수 있어요. 2차 시험은 선생님과 대화하는 시험입니다. 끝나고 나서 성적을 바로 알려주시더라고요.

작년 여름 레벨 테스트를 치르고 나서 더 이상 시험을 보지 않아도 되겠다는 결론을 내렸습니다. 첫째는 두 번째 반을 배정받았습니다. 탑 반은 하나밖에 없었고 원어민 수준의 회화 실력을 가져야 들어갈 수 있다고 해서 기대도 하지 않았지요. 그 대신 두 번째 반에서도 상위 그룹에 배정된다는 이야기를 들으니 제가 바라던 성적표를 받은 기분이었습니다.

엄마표 영어를 시작한 후 7-8년이라는 시간이 쌓이고 4대영역이 다 채워질 때 도전을 했습니다. 레벨 테스트를 위한 학원까지 존재하는 곳이었지만 시험 준비를 하지 않고 정말 평소 실력대로 봤습니다. 지금까지 해온 것을 확인하려면 그래야 합니다. 엄마표 영어의 한계를 알아보고 싶다면 레벨 테스트를 추천합니다. 한계가 없다는 것을 분명하게 알게 됩니다.

그 학원은 영어 유치원을 다닌 후 1학년 때부터 학습으로 무장한 아이들도 떨어지는 학원입니다. 단순 비용으로만 계산한다고 해도 첫째에게 쓴 돈의 10배는 썼을 거예요. 돈을 많이 쓰고도 도달하지 못하는 아이들이 부지기수입니다.

돈을 생각한다면 그 아이들은 우리 아이들보다 훨씬 더 빨리 목적지에 도달해야 합니다. 그럴 필요가 있을까요? 영어는 언어이기에 결국은 같은 지점에 다다르게 되어 있어요. 더군다나 더 높은 곳에 올라가는 것은 결국 엄마표 영어를 제대로 해온 친구들입니다.

걱정은 쓸모가 없다

'집에서 과연 될까?'의 질문은 할 필요가 없습니다. 언어를 습득하기 가장 좋은 환경이 바로 엄마표 영어라는 것은 당연한 것입니다. 걱정하고 불안해하는 대신 오늘도 책을 읽어주세요. 걱정대신 계획하고 검색하고 실천하세요. 걱정할 시간에 노력을 하셔야 합니다.

5) 영어 유지를 위한 기반 다지기가 필요할 때

첫째가 초등학교에 입학했을 때 제가 바라던 한 가지는 학년이 올라가면서 영어도 한 학년씩 올라가는 것이었어요. 과연 될까? 그러면서요. 1학년의 수준은 맞춰진 상황이었지만 학년이 올라가면서 영어도 같이 올라가고 싶다는 것은 처음엔 그저 바람이었습니다. 거창하고도 엉뚱한 목표를 지금까지 붙들고 있는 것을 보면 영어는 꾸준히 하는 것이 가장 중요한 것이 분명합니다.

국제학교를 다니는 것도 아니고 외국 유학이나 어학연수도 생각하지 못할 상황이었어요. 집 안에서만 영어를 하는 우리 아이의 영어가 얼마나 자랄 수 있을지에 대한 고민은 너무나 당연합니다. 아무리 내가 멀리 보고 계획을 세운다고 한들 영어 교육 전문가가 아닌 보통 엄마니까요. 그런데 말이죠. 책 앞에서 말한 것처럼 언어는 가능합니다. 어떤 방법보다 효율적입니다. 지금 첫째는 온라인 미국 학교 GR6 수업을 편안히 듣고, 둘째는 GR3를 듣고 있어요.

처음부터 이러기를 바랐던 것은 절대 아닙니다. 영어 동요를 듣기 시작하면서 〈TED ED〉를 생각한다는 것은 너무 앞서간 것입니다. 동요를 따라 불러주는 것만으로 고맙고 기특했지요.

그 다음 목표는 애니메이션 편하게 듣기였습니다. 미국 초등학교 저학년 아이들, 즉 원어민 7~8년차 아이들을 위한 애니메이션이 쉽게 들리기란 어렵습니다. 이 목표 또한 완성하기까지 오래 걸렸습니다. 작은 목표들을 완성하다 보니 이제는 〈TED ED〉가 편해졌습니다. 더 발전한다면 앞으로는 자기가 원하는 어떤 지식도 영어로 습득할 수 있게 되겠지요.

첫째의 영어는 11세가 되면서 거침이 없어졌습니다. 엄마의 욕심을 내려놓아야 할 때가 되었습니다. 아이의 습득 능력만 생각했다면 점점 더 어려운 단계들을 도전했을 것입니다. 토플 시험 단어를 암기시켰을 수도 있고, 6학년 때 수능 1등급을 맞아야지라는 헛된 꿈도 꿀 수 있지요.

그것은 첫째에 대한 예의가 아니었습니다. 엄마는 배경을 만들어주고 실천을 하게 했을 뿐 스스로 여기까지 진행한 것은 아이의 능력입니다. 엄마 덕분이라고 으스대면 안 되는 것입니다. 아이의 영어는 오롯이 아이 것이 되어야지 엄마의 트로피가 되면 안 됩니다.

이젠 정말 아이에게 주도권을 주고 뒤에서 천천히 따라가려고 합니다. 지금까지 해온 것처럼 한 학년씩 채워 올라가는 것만으로도 얼마나 대단한 일인지 알기 때문입니다.

우리나라의 영어는 왜 이렇게 빨리 달리려고 하는 것일까요? 나중에 수학 공부할 시간이 부족할까 봐 그런 것일까요? 영어가 절대평가여서 1등급을 6학년 때 만들어놓으면 선행을 빠르게 나갈 수 있어서일까요.

영어는 언어입니다. 꼭대기에 빨리 도달한다 하더라도 유지하는 노력을 해야만 합니다. 6학년 때 외운 수능 영어 단어가 고3 때까지 머리에 남을까요? 6년 넘게 실력을 유지해야 하는 아이들의 스트레스는 생각을 해야 됩니다.

아이 속도에 맞춰 꾸준히 진행하는 것이 가장 효율적입니다. 시간이 지나면서 아이의 뇌는 자연스럽게 자랍니다. 그러면 이해할 수 있는 영역이 훨씬 커지고 쉽게 지식을 받아들일 수 있답니다. 지금까지 해온 것처럼 한 단계를 올라갈 때마다 열심히 다지고 올라가야 합니다. 언어의 그물은 처음엔 얼기설기 구멍이 크지만 시간이 지날수록 촘촘해집니다. 빨리 달리기만 하면 그물코가 절대 줄어들 수 없습니다.

저는 인간이 언어를 가지고 할 수 있는 가장 아름다운 작업이 쓰기라고 생각합니다. 글을 읽고 생각을 하고 말을 할 수는 있지만 쓰기는 또 다른 차원입니다. 이 모든 것이 어울려야 가능한 작업이니까요.

첫째, 둘째 모두 영어로 글을 쓰면 듣는 말이 있습니다. 책을 많이 읽은 티가 난다는 말입니다. 그런 평가를 받을 때의 기분은 굉장히 묘합니다. 책을 좋아한다고 생각하지 않았던 아이들인데 평가를 그렇게 받으니까요. 그러면서 또 한 번 깨닫습니다. 읽기 능력이라는 것이 재미로 시작하지만 결국 성실한 노력으로 키워지는 것이구나 하고요.

지금까지 키워놓은 영어를 유지하는 방법 중 가장 좋은 것은 바로 '쓰기'입니다. 내 머릿속으로 이해된 정보들을 활자로 각인시키는 작업이야말로 뇌를 가장 많이 이용할 수 있는 방법입니다. 뇌를 이용해야만 장기 기억으로 넘어갈 수 있고요.

쓰기 작업을 매일 조금씩 하는 것이 좋습니다. 수업을 통해 발전해나가는 것도 추천합니다. 이젠 더 이상 엄마가 해줄 수 없습니다. 에세이를 쓸 수준까지 올라오려면 혼자의 힘으로는 부족하니까요. 전문가의 도움이 필요합니다. 이제야말로 돈을 제대로 쓸 시간이라고도 말할 수 있어요. 수많은 온라인 영어 쓰기 작업 중 아이에게 맞는 것을 찾아주세요. 엄마의 생각보다 훨씬 더 잘할 거예요.

SR4-5점대, 렉사일 700L 이상이 된 시점부터 전문적인 쓰기를 도전하는 것을 추천합니다. 미국 초등 고학년 수준의 챕터북을 이해하고 생각을 말할 수 있어야 하니까요. 저희 둘째도 멋대로 문장을 만들어낼 뿐 진지한 수업은 진행하고 있지 않아요. 아직 덜 여물었거든요.

언어의 꽃은 쉽게 피지 않아요. 들꽃 한 송이가 피려고 해도 긴 시간과 인내가 필요합니다. 지금까지 해온 것을 그만 두는 것이 아니라 바탕 위에 쓰기를 얹어 놓는다고 생각하세요.

쓰기 과정까지 안정화에 접어들면 '영어 유시'라는 말의 의미를 알게 됩니다. 이제 영어는 엄마가 손대지 않아도 되겠구나 하고요. 정보만 챙겨주면 되는 시기가 오는 것입니다.

영어 유지는 발전을 위한 토대

이제 겨우 12살인데 영어 유지라고 말하는 것이 이르다고 생각이 되시나요. 제가 말하는 영어 유지는 이제까지 해온 방법들을 계속 진행하면서 쓰기의 영역을 확장시키는 일입니다.

책을 읽고 생각을 말하고 나의 생각을 논리적으로 정리하면서 다른 사람과 토론을 할 수 있는 상태를 만들고 유지시키려는 것입니다. 말만 들어도 너무 좋지 않으신가요?

우리 아이의 영어는 결국 그렇게 될 것입니다. 유명한 학원을 다닌 것도 아니고, 영어 유치원을 간 것도 아니에요. 시기에 맞게 아이와 성실히 진행하면 누구나 도달할 수 있어요.

언어의 4대 영역을 골고루 채워주려고 엄마표 영어를 진행해왔다는 사실 꼭 기억하세요. 우리 아이들의 영어는 영어 유치원이나 유명한 어학원을 다닌다 해도 채워질 수 없는 수준의 영어라는 것도 잊지 마세요. 그만큼 엄마표 영어는 특별하답니다.

6) 우리말 배경지식이 없이 중급 영어는 불가하다

한글 독서를 쌓아온 이유

모국어를 채울 수 있는 유일한 방법, 엄마표 영어

외국어는 모국어 위에 설 수 없다

한글책 읽기가 기본 중 기본이다

영어가 힘들어 보인다면 국어를 체크하라

1장부터 5장까지 엄마표 영어를 이야기 하면서 저는 모국어와 한글책, 국어에 대한 이야기를 계속해왔습니다. 진지하고 열성적으로 우리 글로 쓰인 책의 중요성을 말했습니다. 단순한 회화정도 뱉어내는 것으로 만족하실 거라면 굳이 책을 챙길 필요가 없습니다. 엄마들이 원하는 영어가 그런 것은 아니잖아요. 영어는 외국어라는 것을 반드시 기억해야 합니다.

　책이라고 하는 것은 인간이 자신의 모국어로 풀어낸 지식의 집합체입니다. 소설일 수도 있고 역사책일 수도 있습니다. 과학, 수학, 철학 할 것 없이 인간이 이루어낸 모든 지식은 책으로 쓰이죠. 모국어로 된 지식 없이는 절대 내 것으로 만들 수 없습니다. 우리는 영어를 완벽하게 이해할 수 없으니까요. 완벽해질 수 있다는 것은 착각입니다.

　책을 이해하지 못하면 높은 수준의 언어를 습득할 수 없습니다. 당연한 말이지만 모국어로 된 책을 제대로 이해 못 하는데 어떻게 영어로 이해를 할까요? 저학년 수준에서는 추론의 단계가 거의 없거나 쉽기 때문에 가능합니다.

　제가 책 전반에 걸쳐 모국어와 한글책 이야기를 한 것은 시시한 수준의 정보 때문이 아닙니다. 미국 중학교 수준의 과학책을 모국어로 된 배경 지식 없이 습득하려면 일일이 다 학습하면 됩니다. 단어 뜻을 찾아 단어 정리를 하고 매일 30개씩 암기를 합니다. 문장의 구조를 분석해서 한 줄씩 해석을 하고요. 그런 식으로 학습을 할 수는 있지만 비효율적입니다. 이런 학습의 결과로 나오는 출력물은 머릿속에서 다 따로 놀게 됩니다. 하나의 완전한 지식이 아니라 조각난 해석일 뿐입니다.

학교에서도 아이들에게 책을 읽으라고 합니다. 사람들이 책을 읽지 않는다고 뉴스에 나옵니다. 아이들이 책을 싫어한다고 엄마들이 말을 합니다. 책이 중요한 것을 모르는 사람은 없습니다. 다만 아이가 책을 읽을 수 있게 노력하는 엄마들이 많지 않다는 겁니다.

어릴 때 독서 습관을 잡아주지 않으면 아이들은 절대 책을 읽지 않아요. 단편적인 문제집들로 학습만 하게 됩니다. 그러고는 영어를 못하는 이유가 단어를 적게 외워서, 학원을 보내지 않아서 그렇다고 착각을 하지요.

이제는 독서의 양이 아니라 질을 챙겨야 합니다. 아이들이 읽는 내용이 100% 머릿속에 들어오는 것이 아닙니다. 연습과 훈련을 통해 성인이 되어가면서 100% 가까이 인풋을 늘려가는 것입니다. 어렸을 때부터 독서의 습관을 잡아주지 않으면 안 되는 이유가 이것입니다. 책은 점점 어려워지고 어휘도 난해해집니다. 쉬운 책을 읽으면서 다져지지 않으면 글자가 눈에 들어오지 않아요.

아이의 나이에 맞게 엄마표 영어를 하면서 한글 독서도 꾸준히 진행해야 합니다. 이것은 제안이 아니라 필수예요. 사고 능력은 모국어로 먼저 키워지지 절대 외국어로 키워지지 않습니다. 독서를 꾸준히 하다 보면 제대로 키워놓은 모국어가 영어를 어떻게 키우는지 지켜보실 수 있습니다.

배경 지식의 중요성

배경지식은 어떤 일을 하거나 연구할 때, 이미 머릿속에 들어 있거나 기본적으로 필요한 지식입니다. 즉 어떤 일을 하거나 연구할 때 배경지식이 없으면 할 수 없다는 것입니다. 기본적으로 필요하다는 말은 필수라는 뜻이고요.

만약 영어로 된 원서를 정말 많이 읽은 친구라면 영어로 습득한 배경지식이 충분하기 때문에 한글 배경지식이 조금 부족하더라도 이해하고 학습하는데 큰 무리가 없습니다. 저희 첫째가 아직 이 정도의 수준에는 도달하지 못했지만 수준이 되려고 노력하고 있어요. 세계사를 한글책보다 영어책으로 더 먼저 읽고도 이해가 가능한 수준이 되었으니까요. 그렇지만 아직은 어리기 때문에 요즘은 한글로 된 세계사를 같이 보고 있습니다.

모국어로 이해된 배경지식은 영어를 발전시켜나갈 때 소중한 거름이 되어줍니다. 이해의 속도를 빠르게 해주고 습득할 확률을 높여줍니다.

비문학의 분야에서는 당연하겠지요. 원자와 분자에 대한 기사를 읽는다고 한다면 단편적인 뜻은 사전을 찾으면 알 수 있습니다. 그것이 어떤 개념인지는 배경지식이 없이 이해하기란 불가능에 가깝습니다. 개념은 학생들이 보는 책에 가장 잘 설명되어 있습니다. 그조차 쉽게 풀어쓰고 재미있게 구성해서 읽게끔 만들지요. 그렇지 않으면 모국어로도 개념을 이해하기 힘드니까요.

노블에서도 배경지식은 필요합니다. 단순한 플롯의 킬링 타임용 소설을 제외하고는 작가의 철학을 이해하기 위해서 반드시 배경지식이 필요합니다. 수준 높은 독서를 이야기할 때 빠지지 않는 뉴베리상 수상작들을 보면 그저 즐겁고 행복한 이야기만 있는 것이 아닙니다.

『The House of the Scorpion』은 복제인간에 대한 이야기입니다. 인간의 존엄성에 대해 질문을 하고요. 『The Giver』는 디스토피아에 대한 이야기를 풀어나갑니다. 이런 책들을 한글 배경지식 없이 깊이 이해하는 것이 가능할까요?

평소에 다양한 분야의 독서를 통해 배경지식을 쌓아두어야 합니다. 우리 아이들에게 어느 순간 어떻게 찾아올지 모르는 순간들을 위해 준비를 해야 합니다.

중등 수준의 한글책 독서가 가능해야 한다

배경지식을 모국어로 쌓는 것은 아이들을 위한 것입니다. 영어보다 국어를 더 어려워하는 아이들이 생기고 수학과 과학을 한글로 읽고도 이해 못하는 경우가 넘쳐나고 있습니다. 단지 영어를 위한 배경지식이라고 생각하면 오산입니다. 중등 이상의 학습을 수월히 진행하려면 독서는 필수입니다.

독서를 통한 사고력 확장이 아니면 학습은 점점 힘들어집니다. 수업을 듣고도 이해를 할 수 없고 답답함에 공부를 멈추게 됩니다. 아이들이 학습을 이어나갈 수 있는 원동력은 독서에서 나옵니다.

아이의 수준보다 살짝 높은 단계의 한글 독서를 시켜주세요. 비문학 문학 뭐든 좋습니다. 앞에서도 말씀드렸지만 아이가 좋아하는 책 사이에 싫어하는 책을 끼워 읽혀주세요. 독서 습관이 있었다고 해도 꾸준히 읽지 않으면 감을 잃어버립니다. 끊이지 않게 꾸준히 모국어를 채워주세요. 공부뿐 아니라 모든 분야에서 아이의 발전을 보실 수 있습니다.

7) 학습서는 적극 활용할수록 도움이 된다

어렸을 적 『Evan Moor』 시리즈로 재미를 느끼게 해주었다면 이제는 본격적으로 학습을 위한 교재를 활용할 때입니다. 주의할 점은 학습서만으로 영어 공부를 하면 안 된다는 것이죠. 늘 하던 그대로의 환경에 추가를 해야 합니다.

독해 능력을 키울 수 있는 리딩서는 레벨에 따라 세분화되어 있는데요, 본격적인 리딩은 레벨은 SR 3점대, 렉사일 600L 이상부터 추천합니다. 더 늦게 시작해도 상관은 없지만 GR3 수준부터 추론 문제들이 나오기 때문에 학습서를 병행하면 아이의 영어를 더 튼튼히 다질 수가 있어요.

추론 능력은 독서를 통해 키워지지만, 훈련도 필요합니다. 독서만 한다고 키워지지 않습니다. 독후 활동을 하거나 퀴즈를 풀면서 내용 이해를 잘 했는지 확인을 해야 해요. 엄마가 아이에게 영어로 질문을 해줄 수 없으니까요. 독해서의 질 좋은 문제들은 생각하는 방법을 배울 수 있습니다. 문학과 비문학 지문을 읽고 문제를 풀다 보면 아이의 강점과 약점을 파악할 수 있어요.

어린시기의 독해서는 의미가 없습니다. 지문은 쉬울 수 있지만 문제 자체를 이해하기엔 외국어가 너무 어렵습니다. 반드시 책을 통해 기초를 다진 후 활용해야 합니다. 독해 학습만으로 채운 리딩은 단편적인 지식을 읽고 해석하는 정도이지 심도 있는 사고력을 키우기 힘들기 때문이에요.

초등학생이 GR5수준의 독해서를 푼다고 하면서 말하기와 쓰기가 안되는 경우가 많아요. 그건 죽은 영어입니다. 독해 문제만 풀 거라면 중학교 때 해도 충분하거든요. 이런 상황에서는 듣기와 말하기 영역을 먼저 채워야 합니다.

엄마표 영어를 진행하는 것은 단순히 리딩 실력만 올리려는 것이 아닙니다. 학습서를 통한 공부는 4대 영역의 바탕을 채우고 난 후 시작해도 늦지 않다는 말입니다. 탄탄히 쌓아올린 기초 위에서 못할 것이 없으니까요.

독해 교재 추천

영어 천국인 우리나라는 독해 교재의 종류도 정말 많지요. 써본 교재들 중 가장 효율적인 교재들을 알려드릴게요. 아이들마다 맞는 교재는 다 다르답니다. 레벨별 교재를 활용할 때 주의할 점은 절대 한 권만 풀고는 그 단계를 올라갈 수 없다는 것입니다. 비슷한 레벨의 독해서를 여러 권 푸는 것을 추천합니다.

① 『Bricks』와 『Link』 시리즈

『Bricks』와 『Link』 시리즈는 우리나라의 대표적인 리딩서입니다. 세분화 된 레벨로 단계별 학습이 가능하게 구성되어 있습니다. 우리나라 교재들의 특징은 엄마가 활용할 수 있는 자료들이 모두 무료로 제공된다는 점입니다. 해설, 단어 테스트, 번역을 위한 활동지 등 추가로 쓸 수 있는 자료들까지 넘쳐납니다. 『Bricks』는 자체 학습 사이트에서 단어와 문장 학습이 가능하고 『Link』는 클래스카드라는 단어 암기 사이트에서 단어 학습을 할 수 있어요. 엄마표 영어에서도 이 두 교재를 번갈아서 학습하는 코스를 많이 활용합니다.

②『Evan Moor』Reading Comprehension 시리즈

『Evan Moor』교재들도 빠질 수 없습니다. 전 과목 전 분야의 독해학습을 할 수 있어요. 독해 지문이 재미있고 미국에서 홈스쿨링을 하는 학생들을 위해 만들어졌기 때문에 정말 내용이 알찹니다. 단점이라면 답지에 답만 있다는 점입니다. 외국 교재의 경우 해설지를 사려면 교사용 교재를 사야하는데 가격도 비싸답니다.

③『Reading Explorer』

『Reading Explorer』는 내셔널 지오그래픽에서 출판된 교재인데요. F에서 5단계까지 있습니다. F단계라고 해도 700L(SR4.1 정도)의 레벨을 가지고 있어요. 쉬운 독해 교재가 아니라는 거죠. 내셔널 지오그래픽 출판사답게 영상이 제공되고 온라인으로도 추가로 문제를 더 풀 수 있어요. 문제가 까다롭고 지문도 쉽지 않습니다.

④『Aachieve3000』

『Aachieve3000』은 온라인 리딩 프로그램입니다. 유료로 이용할 수 있어요. 논픽션 기사를 학습자의 렉사일 지수에 맞춰 제공해줍니다. 한 달 기준으로 문제를 풀면서 받은 점수로 다음 달 제공될 지문들의 렉사일 지수가 정해집니다. 미국에서 가장 많이 사용하는 렉사일 테스트를 공동으로 개발했어요.

어휘 교재 추천

어휘 교재는 어렵게 진행하면 안 됩니다. 단순히 단어의 뜻을 암기하는 것이 아니고 정의를 알고 의미를 확장시킬 수 있어야 하기 때문입니다. 하나의 유닛에서 모르는 단어가 3개 정도 있을 때 가장 효율적으로 공부할 수 있습니다. 어휘 교재는 대표적으로 많이 사용하는 교재 두 종류가 있습니다.

① 『Vocabulary Workshop』

굉장히 촌스러운 구성인데, 지문의 내용은 재밌어 합니다. 지문을 읽고 지문의 어휘들을 배우고 퀴즈를 푸는 구성입니다. 온라인에서 퀴즈를 추가로 풀 수도 있어요. 색깔별로 단계 구성이 되어 있는데 다음 단계로 바로 넘어가기가 어렵습니다. 비슷한 단계의 다른 교재를 섞어가면서 학습하는 것이 편합니다.

② 『Wordly Wise 3000』

구성이 깔끔하고 좋은 교재입니다. 레슨 하나를 진행하면서 굉장히 꼼꼼하게 학습할 수 있는데요. 엄마의 바람과 달리 저희 집에서는 활용을 못했어요. 문제가 모두 주관식이라 너무 하기 싫어했거든요. 서술형으로 답을 쓰게 만드는 교재여서 생각을 많이 해야 하는 질문들이 실려 있습니다.

8) 모든 것을 극복하는 엄마표 영어의 힘

나약한 의지를 붙잡아주는 온라인 스터디

엄마표 영어를 진행하다 보면 마음이 느슨해질 때가 많습니다. 혼자가 외로울 때도 많습니다. 잘하고 있는지 자꾸 질문해보게 되고요. 다음 단계를 어떻게 진행해야 할지 막막하기도 합니다.

이제는 교육 관련 카페에서 스터디를 모집하는 것을 쉽게 찾을 수 있습니다. 혹은 블로그를 통해 모집하는 분들도 많습니다. 꾸준히 모집을 하고 같이 진행을 하죠. 리더스 읽는 모임, 동화책 한 달에 100권 읽기 모임, 교재를 정해서 학습하는 모임 등 주제도 다양하고 참여할 수 있는 레벨도 다양합니다.

온라인 스터디는 때와 장소에 관계없이 할 수 있지만 게시 글을 올리는 것 자체가 어색할 수 있어요. 이럴 때는 다른 회원의 게시 글에 격려와 응원 댓글을 먼저 다는 것도 어색함을 이겨낼 수 있는 방법입니다. 엄마들의 마음은 다 같기 때문에 먼저 응원의 댓글이 오면 답글이 오게 되어 있답니다.

온라인 스터디는 학습을 하고 게시 글을 인증하는 방법이 보편적입니다. 음독이나 스피킹을 연습하는 스터디 같은 경우는 동영상을 찍어서 올리기도 하지요. 매일 인증을 하다 보면 아이의 영어 발전을 기록한 앨범을 보는 느낌이에요.

4년 전, 출판사 온라인 카페에서 진행하는 프로젝트에 참여를 했습니다. 66일 동안 매일 1권의 이북을 읽고 게시 글을 올려야 했어요. 절대 연속으로 할 수 없을 것 같았어요. 같이 진행하는 엄마들끼리 응원을 해주면서 의지했던 것이 아직도 생각납니다. 결국 완주를 했습니다. 리더스를 읽어야 하는 시기에 온라인 스터디가 도움이 많이 됩니다. 아무리 부지런하고 성실한 엄마와 아이라도 리더스를 매일 읽는 것은 지루한 싸움이거든요.

지역 도서관의 프로그램을 활용할 수도 있어요. 엄마표 영어의 경우는 오전에 개설된 곳이 많습니다. 엄마표 영어는 영유아시기에 시작하기 때문에 어린이집이나 유치원 보낸 후 오전 시간을 활용해서 모임을 갖습니다. 또래 아이들을 키우는 같은 입장이기 때문에 영어 학습의 방향뿐 아니라 육아 고민을 나눌 수도 있어요. 지역마다 너무 편차가 크다는 것, 그리고 도서관이 가까이 있지 않다면 참여가 힘들다는 단점이 있죠.

같은 목표를 가진 엄마들끼리 응원을 하면서 혼자라는 느낌이 들지 않습니다. 작은 성취감을 쌓아가면서 새로운 도전을 쉽게 할 수 있어요. 시작은 할 수 있는데 매일 지속하는 것이 힘들 깃 같다면 스터디에 참여해 보세요. 불가능할 것 같았던 일이 가능해집니다.

발전 과정을 기록하면서 힘을 내자

온라인 스터디나 도서관 같이 사람들이 모여서 활동하는 것이 부담되거나 원하는 모임이 없을 때는 학습 기록하는 앱을 활용하는 것도 좋습니다.

엄마표 영어에서 영어 동화책 읽는 시기가 가장 깁니다. 앱에서 바코드를 찍으면 책 제목과 표지가 뜨게 되는데요. 이렇게 표지가 보이기 때문에 어떤 책을 봤었는지 직관적으로 확인이 가능합니다. 가장 많은 책이 뜨는 곳은 바로 유명한 〈잠수네〉 사이트입니다. 유료로 활용할 수 있는 사이트인데요.

아이들이 보는 영어책의 데이터는 이곳이 단연코 가장 많습니다. 하루하루 학습 기록을 할 수도 있고, 정보 또한 넘쳐납니다. 엄마표 영어의 성지 같은 곳이죠. 거기다 데이터에 없는 책은 새로 등록할 수도 있습니다. 저희도 집에 책이 많은 탓에 새로 등록을 많이 했던 기억이 나네요. 다른 회원들의 기록을 확인하면서 의지를 다질 수도 있고, 질문과 답변 게시판에서 고민을 나눌 수도 있어요.

무료로 활용할 수 있는 도서 앱들도 많습니다. '독서 기록'이라고 검색만 해도 많은 앱들이 등록되어 있는 것을 확인할 수 있어요. 보통 한글동화책들이 훨씬 많아서 올라오지 않은 영어 동화책들이 많긴 한데요. 비용이 들지 않는다는 점, 앱 안에서 다른 비슷한 회원들의 기록을 보면서 긍정적인 자극을 받을 수 있다는 장점이 있어요. 100권 읽기, 1000권 읽기 같이 다독을 하는 모임들도 앱 안에 있답니다.

비학군지의 단점을 극복하는 엄마표 영어

교육에 조금이라도 관심이 있는 엄마라면 학군지가 아닌 곳에서 아이를 키운다는 것이 얼마나 막막한지 알 것입니다. 아이의 수준에 맞는 교육을 시키고 싶은데 안 된다는 것이 속상했어요. 공교육에서 안 된다면 사교육에서라도 길을 찾고 싶은데 지방 소도시는 그것조차 허락하지 않았습니다.

학원 강사를 해오면서 많은 아이들과 학부모들을 만났습니다. 아이에게 환경이 얼마나 중요한지 깨달았고요. 그렇지만 이사를 갈 수 있는 상황도 아니었습니다. 엄마의 입장에서 그냥 되는 대로 키우기는 더 싫었습니다. 그렇게 엄마표 영어를 시작했습니다. 주위에 도움을 요청할 곳도 없는 상태로 온라인의 정보와 책들을 읽으면서 하나하나 배워갔습니다.

　상황에 맞춰 환경을 만들어주는 것도 부모의 역할입니다. 아이를 위해 최적의 환경을 만들어 줘야 합니다. 비힉군지어서, 갈 만한 학원이 없어서 영어를 못한다는 말은 핑계입니다. 최적의 환경은 바로 엄마라고 말씀드렸죠. 아이의 영어 배경이 되어주는 것이 가장 좋은 방법입니다.

　아이들이 가장 오래 머무는 집 거실에 영어 환경을 만들어주는 것으로 엄마표 영어는 시작됩니다. 거창하고 화려하지도 않습니다. 원어민 선생님이 수업을 하지도 않지요. 동화책 한 권, 영어 영상 한 편으로도 시작할 수 있습니다. 그 결과 시간이 흐르면서 우리 집은 커다란 영어 도서관이 됩니다.

　첫째가 영어 듣기를 시작한 지 9년이 되어 갑니다. 첫째의 영어는 많이 영글었고 이제 자립을 향해 가는 수준이 되었습니다. 대도시의 유명 학원에서 영어를 배운 키즈들과 견줘서 부족할 것 없는 영어 실력을 가지게 되었습니다. 언어라는 무기를 손에 쥐어주고 싶다는 꿈이 이제 현실이 되고 있습니다.

　꼭 기억하셨으면 좋겠어요. 이 모든 것이 엄마의 작은 관심과 노력, 그리고 실천에서 시작되었다는 사실을요. 여러분의 엄마표 영어도 응원합니다.